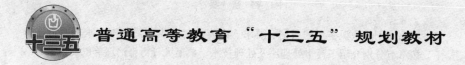

普通高等教育"十三五"规划教材

环境工程专业实习
实践指导书

陈月芳 林 海 毕 琳 编著

北 京

冶 金 工 业 出 版 社

2018

内 容 提 要

　　本书在阐述认识实习的目的、要求、内容及对学生实习基本要求的基础上，按章节分别介绍了污水处理厂及处理技术、典型大气污染治理单位及治理技术、固体废物处理场及处理方式方法、噪声治理基本内容、环保治理中常用设备和仪表，以及各个内容的典型案例，并将涉及民生的环保法规、政策以补充资料的形式融入到教材中。

　　本书可作为高等学校环境工程、环境科学、市政、给排水等专业的教学用书和环境治理行业技术人员的参考指导书。

图书在版编目（CIP）数据

环境工程专业实习实践指导书/陈月芳，林海，毕琳编著.
—北京：冶金工业出版社，2017.7（2018.5重印）
普通高等教育"十三五"规划教材
ISBN 978-7-5024-7529-1

Ⅰ.①环… Ⅱ.①陈… ②林… ③毕… Ⅲ.①环境工程—高等学校—教学参考资料 Ⅳ.①X5

中国版本图书馆 CIP 数据核字（2017）第 104440 号

出 版 人　谭学余
地　　　址　北京市东城区嵩祝院北巷 39 号　邮编　100009　电话　(010)64027926
网　　　址　www.cnmip.com.cn　电子信箱　yjcbs@cnmip.com.cn
责任编辑　于昕蕾　美术编辑　吕欣童　版式设计　孙跃红
责任校对　郑　娟　责任印制　李玉山
ISBN 978-7-5024-7529-1
冶金工业出版社出版发行；各地新华书店经销；固安华明印业有限公司印刷
2017 年 7 月第 1 版，2018 年 5 月第 2 次印刷
169mm×239mm；11 印张；213 千字；165 页
25.00 元
冶金工业出版社　投稿电话　(010)64027932　投稿信箱　tougao@cnmip.com.cn
冶金工业出版社营销中心　电话　(010)64044283　传真　(010)64027893
冶金书店　地址　北京市东四西大街 46 号(100010)　电话　(010)65289081(兼传真)
冶金工业出版社天猫旗舰店　yjgycbs.tmall.com
（本书如有印装质量问题，本社营销中心负责退换）

前　言

　　实习是环境工程专业教学计划中的一项重要实践环节，学生在校期间不仅应掌握坚实的基础理论和宽广的专业知识，还必须参加相应的实践活动。学生通过实践，可促进理论联系实际，加深对书本知识的理解，提高分析和解决问题的能力，获得环境工程设计、施工技术与组织管理的初步实践知识，了解环保设施、设备的运行管理知识。通过感性认识，增强学生对环境污染治理工艺原理的理解，并获得实际工作能力与经验。认识实习是实践教学的重要组成部分，目的在于培养学生对专业知识的初步感性认识，对学生环保意识的初步渗透，弥补课堂教学的不足，让理论知识与实际生产紧密结合。

　　本书首先介绍了认识实习的目的、要求、内容及对学生实习的基本要求，然后按照章节分别介绍了污水处理厂、典型大气污染治理单位、固体废物处理场、噪声治理、环保治理中常用设备和仪表等基本内容，以及各个内容的典型案例，并将环保法规、政策等以补充资料的形式融入到本书中。

　　全书由陈月芳副教授统稿，林海教授、毕琳工程师修订和定稿。北京科技大学金龙哲、宋波、李天昕、董颖博、杜翠凤、刘双跃等教师在撰写过程和提供素材中，给予了帮助；研究生安丹凤、滕科均、王岩、彭焕玲、刘哲参与了本书的材料内容汇总和校正，在此表示感谢！同时，本教材得到了北京市特色专业建设点（环境工程 TS12533）建设项目、北京科技大学教材出版基金、北京科技大学教育教学改革项目的经费资助，在此表示感谢！在审稿阶段，还得到北京排水集团、华能北京热电厂、北京环卫集团等单位的支持！最后，感谢帮助和支持本书编写和出版工作的有关领导和广大师生！

北京科技大学周北海教授和中国地质大学（北京）冯传平教授担任本书的主审。根据主审提出的意见，本书又做了全面的修改和补充。

本书可作为高等学校环境工程、环境科学、市政工程、给排水科学与工程等专业的教学用书和环境污染治理行业技术人员的参考指导书。

由于作者水平有限，书中难免存在错误或遗漏之处，恳请批评指正。

作　者

2017 年 2 月于北京

目　录

认识实习概述

认识实习，又称认知实习，是对书本知识的巩固加深。需要到工作岗位去参观、了解今后将要工作（实习）的环境，增加对将要从事的职业岗位的初级认识。

实习目的

环境工程专业认识实习是本科教学计划中重要的实践性教学环节，又称认知实习。通过到各种规模和工艺的市政污水处理厂（再生水厂、污水深度处理厂）、各种行业污水处理厂（站），市政垃圾转运站、垃圾堆肥厂、垃圾安全填埋场和垃圾焚烧处置厂、火力发电厂、钢铁行业等企业参观学习，听取企业专家相关介绍，使学生初步接触环境工程专业的应用领域，认识生产工艺，感受生产过程，开拓专业视野。

同时专业认识实习也是学生初步了解我国环保领域发展动态、发展需求和存在问题的重要途径之一，通过此次实践活动，可以培养学生理论联系实践的能力；综合运用所学知识，分析科研、工程中存在的问题；掌握解决实际问题的基本思路和方法。通过实习使学生进一步了解环境工程专业的发展现状，从而更加热爱本专业，更好地发挥自己的专长，为中国环保事业献出自己的力量。

实习内容

环境工程专业的认识实习，主要包含水处理、大气污染控制、固体废物处理与处置、环境监测等相关生产单位和企业的集中实习，一般具体包含如下内容：

（1）了解实习单位的概况、安全生产要求、生产工艺、主要处理设备、处理效果和环保标准等。

（2）了解城市给水系统的布局、输水管道以及常见给水处理流程和工业。

（3）了解城市排水系统的收集、运输、排放等基本概念。

（4）掌握污水处理厂主要的生产工艺流程，以及各处理单元的处理性能和指标。

（5）掌握污水处理厂中水处理工艺，以及各处理单元的处理性能和指标。

（6）掌握电厂锅炉补给水处理生产工艺过程（流程），以及各处理单元的处理性能和指标。

（7）掌握大气烟气脱硫处理的不同分类、工作原理，主体设备内部结构及特点，了解技术性能指标。

（8）掌握大气烟气脱硝处理的主要工艺、工作原理，主体设备的内部结构及特点，了解工作原理及技术性能指标。

（9）掌握不同种除尘工艺的工作原理，主要除尘设备的内部结构、特点以及技术性能指标。

（10）掌握二氧化碳捕集处理的工艺原理、主体处理设备的内部结构及特点，了解技术性能指标。

（11）了解垃圾分类和垃圾处理、处置的常见方法。

（12）城市垃圾转运系统的基本流程以及生活垃圾特点。

（13）掌握垃圾转运站处理流程与设备的内部结构及特点。

（14）掌握垃圾堆肥厂处理流程，主要处理单元原理和内部结构，掌握工作原理及技术性能指标。

（15）掌握垃圾填埋场工作原理及技术性能指标。

（16）掌握企业降噪设备（材料）的结构、特点、工作原理及技术性能指标。

1.1　实　习　环　节

为了提高实习效果，根据生产单位实际情况和实习经费金额，可以采取多种多样的实习方式和环节，具体方式可以划分为以下几种。

1.1.1　专家报告

（1）听取实习单位安全部（科、室）有关人员向实习学生介绍实习单位情况，进行安全、保密、注意事项等教育。

（2）听取实习单位总工程师或者生产总负责人对实习单位总体概况作报告或解说。

（3）听取实习单位各处理单元或车间技术人员作技术报告，对具体流程、单元、工艺作详细的技术分析并针对实际工程讲解经验公式的应用。

（4）观看相关技术录像带，并配合讲解。

1.1.2　参观学习

（1）结合教师配备和实习单位指导人员数量情况，对于实习学生进行合理分组参观学习，以了解其概况。

（2）实习过程中，结合课程重点和难点以及实习单位的特色，结合技术报告，多次深入到各部门（分场）、各实验室、各车间进行再次参观学习。

（3）实习过程中，鼓励学生结合理论知识，多观察、多发现问题，多提出问题，多思考，并向相关技术人员请教，以提高实习效果。

1.1.3　日记和笔记

实习笔记是检查实习情况的一个重要方面，也是学生提交实习报告的重要依据。学生应将每天实习状况、所听报告内容认真记录，整理收集到的资料和图表，记录遇到的问题和技术人员解答的结果，并整理完成每天的实习日记。学生每天必须认真对待实习笔记，指导教师应随时督促检查。

1.1.4　实习报告撰写

实习结束，学生应写出书面报告，对实习进行全面总结，一般包括：

（1）实习的主要过程，包括实习时段、实习地点和单位以及实习期间听取的专题讲座或参观介绍。

（2）实习单位的主要生产概况、主要生产工艺、主要的环保相关设备和设施概况等。

（3）生产企业或者单位的主要污染物类型、污染物性质以及其处理和排放特性等。

（4）书面报告应包含实习的收获与感想，在实习过程中发现的问题和解决问题的方法，对实习工作的建议和意见、希望与改进措施等。

（5）就听课和参观获取的技术信息与专业知识，在技术层面上总体陈述自己的收获和体会。

1.1.5　其他活动

在完成实习任务的同时，应充分利用业余时间，开展各种丰富多彩的社会活动，如：同实习单位的工程技术人员进行交流，组织开展座谈会、联欢会和球赛，从事一些有益的公益活动以及参观实习单位以外的有关单位；参观当地人文景观或历史古迹，提高人文素养等。

1.2　实习期间安全生产一般要求

进入各个实习单位期间，除必须严格遵守实习单位的安全规章守则外，一般实习学生还应注意如下要求：

（1）进厂按规定穿满足现场要求的实习服，女同学的长发必须盘在头顶，并必须佩戴工作帽，以防头发被转动设备卷入，造成伤亡。

（2）进入厂区，女同学不准穿裙子、高跟鞋，以防在攀梯上行走时造成扭伤或摔伤。

（3）在实习现场严禁同学间相互嬉戏，以防发生交通事故、高空坠落、机械伤害等恶性事故，造成人员伤亡。

（4）在实习现场严禁进入任何废弃的设备内，以防发生窒息死亡事故。

（5）在没有可靠的安全保障的条件下，不准随便登高。

（6）在实习现场行走时，要随时注意头顶的管道和脚下的阴沟与地槽。

（7）在实习现场时，不要随便触摸裸露的管道与设备，以防烫伤；更不要随便动现场的阀门与按钮，以防发生紧急停车、物料放空等生产事故，造成重大经济损失。

（8）在实习现场如遇到突发性气体泄漏、爆炸、火灾等危险情况，应沉着冷静、尽快撤离现场避险。

思　考　题

1-1　简述实习的目的和意义。

1-2　简述撰写实习报告的具体要求。

1-3　简述实习期间的注意事项。

2 环境工程专业入门教育

实习目的

入门教育是学习环境工程专业的基础。通过对学生进行专业入门教育灌输，了解环境保护现状，构建环境现状、环境污染、环境治理、环境效益关联体系。以《中国环境状况公告》为载体，着重介绍我国废水、废气、固废以及城市生活排放的污染物类型、污染浓度、污染范围等，拓宽学生的知识面，增进学生对水环境、大气环境、土壤环境的了解，加强学生对环境污染的量化认识。

实习内容

入门教育要求学生广泛而全面地了解环境整体状况，具体如下：

（1）了解我国环境保护现状，以《中国环境状况公告》为例，从质与量的角度分析我国环境保护取得的主要进展，加强学生对环境现状的量化认识。

（2）了解我国污染物排放情况，包括废水、废气、固废、城市生活排放的主要污染物情况，增进学生对污染排放的具体认识。

（3）了解我国水环境质量、大气环境质量、土壤环境质量情况，提升学生宏观掌握知识的能力。

2.1 我国环境保护状况

根据环境保护部公布的 2015 年《中国环境状况公报》的内容，我国环境保护取得的进展主要有：

（1）2015 年全国城市空气质量总体趋好，首批实施新环境空气质量标准的 74 个城市细颗粒物（$PM_{2.5}$）平均浓度比 2014 年下降 14.1%。出台实施《水污染防治行动规划》；稳步推进土壤污染防治，加快编制《土壤污染防治行动计划》。

（2）全国化学需氧量、二氧化硫、氨氮和氮氧化物排放总量分别比 2014 年下降 3.1%、5.8%、3.6% 和 10.9%。

（3）深入开展《环境保护法》实施年活动，依法落实地方政府环保责任。全国实施按日连续处罚、查封扣押、限产停产案件 8000 余件，移送行政拘留、涉嫌环境污染犯罪案件近 3800 件。妥善处置突发环境事件，科学应对天津港"8.12"特别重大火灾爆炸事故对环境的影响。提高执法监管水平。以新《环境保护法》为标志，环境保护的立法和执法取得明显进展。2011~2014 年，联合多部门开展环保专项整治行动，检查企业 362 万余家（次），查处环境违法问题 3.7 万件。建立行政执法与刑事执法协调配合机制，环境司法取得重大进展。

（4）深化生态环保领域改革。《中共中央关于制定国民经济和社会发展第十三个五年计划的建议》提出实施最严格的环境保护制度，党中央、国务院印发《关于加快推进生态文明建设的意见》和《生态文明体制改革总体方案》，共同形成了深化生态文明体制改革的战略部署和制度架构。

（5）持续加大生态和农村环境保护。加强生物多样性保护，完成生物多样性保护优先区域边界核定，发布《中国生物多样性红色名录——脊椎动物卷》。

2.2　我国污染物排放情况

2015 年《中国环境状况公报》中污染物排放状况如下：

（1）废水中主要污染物。2015 年，化学需氧量排放总量为 2223.5 万吨，比 2014 年下降 3.1%，比 2010 年下降 12.9%；氨氮排放总量为 229.9 万吨，比 2014 年下降 3.6%，比 2010 年下降 13.0%。

（2）废气中主要污染物。2015 年，二氧化硫排放总量为 1859.1 万吨，比 2014 年下降 5.8%，比 2010 年下降 18.0%；氮氧化物排放总量为 1851.8 万吨，比 2014 年下降 10.9%，比 2010 年下降 18.6%。

（3）城市生活排放。截至 2015 年底，全国城市污水处理厂处理能力 $1.4 \times 10^8 m^3/d$，全年累计处理污水量达 $410.3 \times 10^8 m^3$。2015 年，全国城市污水处理率达到 91.97%，完成"十二五"规划目标要求。

2015 年，全国共建有公共厕所 12.6 万座，其中东中西部各 6.4 万座、3.5 万座、2.7 万座，分别约占 50.6%、27.7%、21.7%；三类以上标准的公共厕所有 9.5 万座，约占 75.5%，其中东中西部各 5.1 万座、2.3 万座、2.1 万座，分别约占 53.7%、24.7%和 21.6%。

2015 年，全国设市城市生活垃圾清运量为 $1.92 \times 10^8 t$，城市生活垃圾无害化处理量 $1.80 \times 10^8 t$。其中，卫生填埋处理量为 $1.15 \times 10^8 t$，占 63.9%；焚烧处理量为 $0.61 \times 10^8 t$，占 33.9%；其他处理方式占 2.2%。无害化处理率达 93.7%，比 2014 年上升 1.9 个百分点。全国生活垃圾焚烧处理设施无害化处理能力为 $21.6 \times 10^4 t/d$，占总处理能力的 32.3%。

2.3 我国水环境质量状况

水环境是指自然界中水的形成、分布和转化所处空间的环境,是指围绕人群空间及可直接或间接影响人类生活和发展的水体,是其正常功能的各种自然因素和有关社会因素的总体。也有的指相对稳定的、以陆地为边界的天然水域所处空间的环境。水环境主要由地表水环境和地下水环境两部分组成。地表水环境包括河流、湖泊、水库、海洋、池塘、沼泽、冰川等,地下水环境包括泉水、浅层地下水、深层地下水等。

水环境是构成环境的基本要素之一,是人类社会赖以生存和发展的重要场所,也是受人类干扰和破坏最严重的领域。水环境的污染和破坏已成为当今世界主要的环境问题之一。下面重点介绍我国的流域、省界水体、湖泊(水库)、地下水、全国地级及以上城市集中式饮用水水源地等水环境质量状况。

2.3.1 流域

2015 年,长江、黄河、珠江、松花江、淮河、海河、辽河等七大流域和浙闽片河流、西北诸河、西南诸河的 700 个国控断面中,Ⅰ类水质断面占 2.7%,比 2014 年下降 0.1 个百分点;Ⅱ类占 38.1%,比 2014 年上升 1.2 个百分点;Ⅲ类占 31.3%,比 2014 年下降 0.2 个百分点;Ⅳ类占 14.3%,比 2014 年下降 0.7个百分点;Ⅴ类占 4.7%,比 2014 年下降 0.1 个百分点;劣Ⅴ类占 8.9%,主要集中在海河、淮河、辽河和黄河流域,比 2014 年下降 0.1 个百分点。主要污染指标为化学需氧量、五日生化需氧量和总磷。

2.3.2 省界水体

2015 年,全国 530 个重要省界断面监测表明,Ⅰ~Ⅲ类、Ⅳ~Ⅴ类、劣Ⅴ类水质断面比例分别为 66.0%、16.5% 和 17.5%。主要污染指标为氨氮、总磷和化学需氧量。与 2014 年相比(可比的 517 个省界断面),Ⅰ~Ⅲ类水质断面比例无变化,劣Ⅴ类水质断面比例下降 1.1 个百分点。

2.3.3 湖泊(水库)

2015 年,全国 62 个重点湖泊(水库)中,5 个湖泊(水库)水质为Ⅰ类,比 2014 年减少两个;13 个为Ⅱ类,比 2014 年增加 2 个;25 个为Ⅲ类,比 2014年增加 5 个;10 个为Ⅳ类,比 2014 年减少 5 个;4 个为Ⅴ类,5 个为劣Ⅴ类,均与 2014 年持平。主要污染指标为总磷、化学需氧量和高锰酸盐指数。

2015 年,开展营养状态监测的 61 个湖泊(水库)中,贫营养的 6 个,比

2014 年减少 4 个；中营养的 41 个，比 2014 年增加 5 个；轻度富营养的 12 个，比 2014 年减少 1 个；中度富营养的 2 个，与 2014 年持平。

2.3.4　地下水

2015 年，以流域为单元，水利部门对北方平原区 17 个省（区、市）的重点地区开展了地下水水质监测，监测井主要分布在地下水开发利用程度较大，污染较严重的地区。监测对象以浅层地下水为主，易受地表或土壤水污染下渗影响，水质评价结果总体较差。2103 个测站数据评价结果显示：水质优良、良好、较差和极差的测站比例分别为 0.6%、19.8%、48.4% 和 31.2%，无水质较好的测站。"三氮"污染较重，部分地区存在一定程度的重金属和有毒有机物污染。

2.3.5　全国地级及以上城市集中式饮用水水源地

2015 年，全国 338 个地级以上城市的集中式饮用水水源地取水总量为 $355.43 \times 10^8 t$，服务人口 3.32×10^8 人。其中，达标取水量为 $345.06 \times 10^8 t$，占取水总量的 97.1%。其中，地表饮用水水源地 557 个，达标水源地占 92.6%，主要超标指标为总磷、溶解氧和五日生化需氧量；地下饮用水水源地 358 个，达标水源地占 86.6%，主要超标指标为锰、铁和氨氮。

水污染防治行动计划（水十条）

当前，我国一些地区水环境质量差、水生态受损重、环境隐患多等问题十分突出，影响和损害群众健康，不利于经济社会持续发展。为切实加大水污染防治力度，保障国家水安全，国家于 2015 年 4 月出台本行动计划。具体措施如下：

（1）全面控制污染物排放。狠抓工业污染防治，强化城镇生活污染治理，推进农业农村污染防治，加强船舶港口污染控制。

（2）推动经济结构转型升级。调整产业结构，优化空间布局，推进循环发展。

（3）着力节约保护水资源。控制用水总量，提高用水效率，科学保护水资源。

（4）强化科技支撑。推广示范适用技术，攻关研发前瞻技术，大力发展环保产业。

（5）充分发挥市场机制作用。理顺价格税费，促进多元融资，建立激励机制。

（6）严格环境执法监管。完善法规标准，加大执法力度，提升监管水平。

（7）切实加强水环境管理。强化环境质量目标管理，深化污染物排放总量控制，严格环境风险控制，全面推行排污许可。

（8）全力保障水生态环境安全。保障饮用水水源安全，深化重点流域污染防治，加强近岸海域环境保护，整治城市黑臭水体，保护水和湿地生态系统。

（9）明确和落实各方责任。强化地方政府水环境保护责任，加强部门协调联动，落实排污单位主体责任，严格目标任务考核。

（10）强化公众参与和社会监督。依法公开环境信息，加强社会监督，构建全民行动格局。

2.4 我国大气环境质量状况

2015 年，全国 338 个地级以上城市全部开展空气质量新标准监测。监测结果显示，有 73 个城市环境空气质量达标，占 21.6%；265 个城市环境空气质量超标，占 78.4%。全国有 470 个城市（区、县）开展了降水监测，酸雨频率平均值为 14.0%。

2.4.1 空气质量

2015 年，开展空气质量新标准监测的地级及以上城市 338 个，其中，74 个新标准第一阶段监测实施城市（包括京津冀、长三角、珠三角等重点区域地级城市及直辖市、省会城市和计划单列市）监测结果显示，舟山、福州、厦门、深圳、珠海、江门、惠州、中山、海口、昆明和拉萨等 11 个城市空气质量达标，比 2014 年增加 3 个，分别为厦门、江门和中山；63 个城市环境空气质量超标。

2015 年，京津冀地区 13 个地级以上城市达标天数比例在 32.9%~82.3% 之间，平均为 52.4%，比 2014 年上升 9.6 个百分点，比 2013 年上升 14.9 个百分点；平均超标天数比例为 47.6%，其中轻度污染、中度污染、重度污染和严重污染天数比例分别为 27.1%、10.5%、6.8% 和 3.2%。京津冀及周边地区（含山西、山东、内蒙古和河南）是全国空气重污染高发地区，2015 年区域内 70 个地级以上城市共发生 1710 天（次）重度及以上污染，占 2015 年全国的 44.1%。从重度及以上污染发生季节来看，1~3 月以及 10~12 月是重污染高发季节，其中 12 月区域内连续发生多次大范围重污染过程，重度及以上污染发生天数占全年的 36.8%，明显高于其他月份。

2.4.2 酸雨

2015 年，480 个监测降水的城市（区、县）中，酸雨频率平均值为 14.0%。出现酸雨的城市比例为 40.4%，酸雨频率在 25% 以上的城市比例为 20.8%，酸雨频率在 50% 以上的城市比例为 12.7%，酸雨频率在 75% 以上的城市比例为 5.0%。与 2010 年相比，出现酸雨的城市比例下降 10.0 个百分点。

2.4.3　雾霾

2015 年，全国共出现 11 次大范围、持续性雾霾过程，主要集中在 1 月和 11~12 月。受雾霾天气影响，大量航班停飞、多条高速公路关闭，雾霾天气给交通运输和人体健康带来不利影响。2016 年北京市 $PM_{2.5}$ 平均浓度为 $73\mu g/m^3$，与往年比均有下降，为实施大气污染防治行动计划三年来改善最大的一年。京津冀、长三角、珠三角区域 $PM_{2.5}$ 平均浓度分别为 $71\mu g/m^3$、$46\mu g/m^3$、$32\mu g/m^3$，数据较往年明显下降。全国 338 个地级及以上城市空气质量也在持续改进。

大气污染防治行动计划（气十条）

2013 年 6 月 14 日，国务院召开常务会议，确定了大气污染防治十条措施，包括减少污染物排放；严控高耗能、高污染行业新增耗能；大力推行清洁生产；加快调整能源结构；强化节能环保指标约束；推行激励与约束并举的节能减排新机制，加大排污费征收力度，

加大对大气污染防治的信贷支持等，具体措施如下：

（1）减少污染物排放。全面整治燃煤小锅炉，加快重点行业脱硫脱硝除尘改造。整治城市扬尘。提升燃油品质，限期淘汰黄标车。

（2）严控高耗能、高污染行业新增产能，提前一年完成钢铁、水泥、电解铝、平板玻璃等重点行业"十二五"落后产能淘汰任务。

（3）大力推行清洁生产，重点行业主要大气污染物排放强度到 2017 年年底下降 30% 以上。大力发展公共交通。

（4）加快调整能源结构，加大天然气、煤制甲烷等清洁能源供应。

（5）强化节能环保指标约束，对未通过能评、环评的项目，不得批准开工建设，不得提供土地，不得提供贷款支持，不得供电供水。

（6）推行激励与约束并举的节能减排新机制，加大排污费征收力度。加大对大气污染防治的信贷支持。加强国际合作，大力培育环保、新能源产业。

（7）用法律、标准"倒逼"产业转型升级。制定、修订重点行业排放标准，建议修订大气污染防治法等法律。强制公开重污染行业企业环境信息。公布重点城市空气质量排名。加大违法行为处罚力度。

（8）建立环渤海包括京津冀、长三角、珠三角等区域联防联控机制，加强人口密集地区和重点大城市 $PM_{2.5}$ 治理，构建对各省（区、市）的大气环境整治目标责任考核体系。

（9）将重污染天气纳入地方政府突发事件应急管理，根据污染等级及时采取重污染企业限产限排、机动车限行等措施。

（10）树立全社会"同呼吸、共奋斗"的行为准则，地方政府对当地空气质

量负总责，落实企业治污主体责任，国务院有关部门协调联动，倡导节约、绿色消费方式和生活习惯，动员全民参与环境保护和监督。

2.5 我国土壤环境质量状况

2.5.1 土地资源现状

截至 2014 年底，全国共有农用地 64574.11 万公顷，其中耕地 13505.73 万公顷、园地 1437.82 万公顷、林地 25307.13 万公顷、牧草地 21946.60 万公顷；建设用地 3811.42 万公顷，其中城镇村及工矿用地 3105.66 万公顷。

2014 年，全国因建设占用、灾毁、生态退耕、农业结构调整等原因减少耕地面积 38.80 万公顷，通过土地整治、农业结构调整等增加耕地面积 28.07 万公顷，年内净减少耕地面积 10.73 万公顷。全国耕地质量评价成果显示，2014 年全国耕地平均质量等别为 9.97 等，总体偏低。优等地面积为 386.5 万公顷，占全国耕地评定总面积的 2.9%；高等地面积为 3577.6 万公顷，占 26.5%；中等地面积为 7135.0 万公顷，占 52.9%；低等地面积为 2394.7 万公顷，占 17.7%。

2.5.2 水土流失

根据第一次全国水利普查水土保持情况普查成果，中国现有土壤侵蚀总面积 $294.9 \times 10^4 \, km^2$，占普查范围总面积的 31.1%。其中，水力侵蚀 $129.3 \times 10^4 \, km^2$，风力侵蚀 $165.6 \times 10^4 \, km^2$。

2.5.3 重金属污染

首次全国土壤污染状况调查（2005 年 4 月~2013 年 12 月）结果显示：镉、汞、砷、铜、铅、铬、锌、镍 8 种无机污染物点位超标率分别为 7.0%、1.6%、2.7%、2.1%、1.5%、1.1%、0.9%、4.8%。2015 年 11 月，环保部会同发展改革委等部门，对全国 28 个省区市人民政府 2014 年度实施《重金属污染综合防治"十二五"规划》情况进行了考核。截至 2014 年底，我国重金属污染综合防治"十二五"规划重点项目已完成 72.4%，全国五种重点重金属污染物（铅、汞、镉、铬和类金属砷）排放总量比 2007 年下降 20.8%。尽管 2014 年规划实施取得积极进展，但近 30 年涉重金属产业的快速扩张造成重金属污染物排放总量仍处于高位水平，重金属环境风险隐患依然突出。

土壤污染防治行动计划（土十条）

土壤是经济社会可持续发展的物质基础，关系人民群众身体健康。当前，我国土壤环境总体状况堪忧，部分地区污染较为严重，已成为全面建成小康社会的突出短板之一。为切实加强土壤污染防治，逐步改善土壤环境质量，国家于2015年8月出台本行动计划。具体措施如下：

（1）开展土壤污染调查，掌握土壤环境质量状况。深入开展土壤环境质量调查，建设土壤环境质量监测网络，提升土壤环境信息化管理水平。

（2）推进土壤污染防治立法，建立健全法规标准体系。加快推进立法进程，系统构建标准体系，全面强化监管执法。

（3）实施农用地分类管理，保障农业生产环境安全。划定农用地土壤环境质量类别，切实加大保护力度，着力推进安全利用，全面落实严格管控，加强林地、草地、园地土壤环境管理。

（4）实施建设用地准入管理，防范人居环境风险。明确管理要求，落实监管责任，严格用地准入。

（5）强化未污染土壤保护，严控新增土壤污染。加强未利用地环境管理，防范建设用地新增污染，强化空间布局管控。

（6）加强污染源监管，做好土壤污染预防工作。严控工矿污染，控制农业污染，减少生活污染。

（7）开展污染治理与修复，改善区域土壤环境质量。明确治理与修复主体，制定治理与修复规划，有序开展治理与修复，监督目标任务落实。

（8）加大科技研发力度，推动环境保护产业发展。加强土壤污染防治研究，加大适用技术推广力度，推动治理与修复产业发展。

（9）发挥政府主导作用，构建土壤环境治理体系。强化政府主导，发挥市场作用，加强社会监督，开展宣传教育。

（10）加强目标考核，严格责任追究。明确地方政府主体责任，加强部门协调联动，落实企业责任，严格评估考核。

2.6　环境主要标准

2.6.1　水环境保护相关标准

2.6.1.1　水环境质量标准
地表水环境质量标准——GB 3838—2002 代替 GB 3838—88 和 GHZB 1—1999；
海水水质标准——GB 3097—1997 代替 GB 3097—82；
地下水质量标准——GB/T 14848—93；
农田灌溉水质标准——GB 5084—92；
渔业水质标准——GB 11607—89。

2.6.1.2　水污染物排放标准（2012 年以后标准）
石油炼制工业污染物排放标准——GB 31570—2015；

再生铜、铝、铅、锌工业污染物排放标准——GB 31574—2015；

合成树脂工业污染物排放标准——GB 31572—2015；

无机化学工业污染物排放标准——GB 31573—2015；

电池工业污染物排放标准——GB 30484—2013；

制革及毛皮加工工业水污染物排放标准——GB 30486—2013；

合成氨工业水污染物排放标准——GB 13458—2013 代替 GB 13458—2001；

柠檬酸工业水污染物排放标准——GB 19430—2013 代替 GB 19430—2004；

麻纺工业水污染物排放标准——GB 28938—2012；

毛纺工业水污染物排放标准——GB 28937—2012；

缫丝工业水污染物排放标准——GB 28936—2012；

纺织染整工业水污染物排放标准——GB 4287—2012 代替 GB 4287—92；

炼焦化学工业污染物排放标准——GB 16171—2012 代替 GB16171—1996；

铁合金工业污染物排放标准——GB 28666—2012；

钢铁工业水污染物排放标准——GB 13456—2012 代替 GB 13456—1992；

铁矿采选工业污染物排放标准——GB 28661—2012；

橡胶制品工业污染物排放标准——GB 27632—2011；

发酵酒精和白酒工业水污染物排放标准——GB 27631—2011；

汽车维修业水污染物排放标准——GB 26877—2011；

弹药装药行业水污染物排放标准——GB 14470.3—2011 代替 GB 14470.3—2002。

2.6.1.3 水环境相关标准

集中式饮用水水源地环境保护状况评估技术规范——HJ 774—2015；

集中式饮用水水源地规范化建设环境保护技术要求——HJ 773—2015；

集中式饮用水水源编码规范——HJ 747—2015；

染料工业废水治理工程技术规范——HJ 2036—2013。

2.6.2 大气环境保护相关标准

2.6.2.1 大气环境质量标准

（Li^+、Na^+、NH_4^+、K^+、Ca^{2+}、Mg^{2+}）的测定 离子色谱法（HJ 800—2016）；

环境空气质量标准——GB 3095—2012 代替 GB 3095—1996 和 GB 9137—88；

乘用车内空气质量评价指南——GB/T 27630—2011；

室内空气质量标准——GB/T 18883—2002；

关于发布《环境空气质量标准》（GB3095—1996）修改单的通知——科技标准司；

保护农作物的大气污染物最高允许浓度——GB 9137—88。

2.6.2.2　大气固定源污染物排放标准（2012年以后标准）

烧碱、聚氯乙烯工业污染物排放标准——GB 15581—2016 代替 GB 15581—95；

无机化学工业污染物排放标准——GB 31573—2015；

石油化学工业污染物排放标准——GB 31571—2015；

石油炼制工业污染物排放标准——GB 31570—2015；

火葬场大气污染物排放标准——GB 13801—2015；

再生铜、铝、铅、锌工业污染物排放标准——GB 31574—2015；

合成树脂工业污染物排放标准——GB 31572—2015；

锅炉大气污染物排放标准——GB 13271—2014；

锡、锑、汞工业污染物排放标准——GB 30770—2014；

电池工业污染物排放标准——GB 30484—2013；

水泥工业大气污染物排放标准——GB 4915—2013 代替 GB 4915—2004；

砖瓦工业大气污染物排放标准——GB 29620—2013；

电子玻璃工业大气污染物排放标准——GB 29495—2013；

炼焦化学工业污染物排放标准——GB 16171—2012 代替 GB16171—1996；

铁矿采选工业污染物排放标准——GB 28661—2012；

轧钢工业大气污染物排放标准——GB 28665—2012；

炼钢工业大气污染物排放标准——GB 28664—2012；

炼铁工业大气污染物排放标准——GB 28663—2012；

钢铁烧结、球团工业大气污染物排放标准——GB 28662—2012；

橡胶制品工业污染物排放标准——GB 27632—2011；

火电厂大气污染物排放标准——GB 13223—2011 代替 GB13223—2003。

2.6.2.3　大气移动源污染物排放标准

轻型汽车污染物排放限值及测量方法（中国第六阶段）——GB18352.6—2016 代替 GB18352.5—2013；

轻便摩托车污染物排放限值及测量方法（中国第四阶段）——GB 18176—2016 代替 GB 18176—2007 和 GB 20998—2007，部分代替 GB 14621—2011；

船舶发动机排气污染物排放限值及测量方法（中国第一、二阶段）——GB 15097—2016 代替 GB/T 15097—2008；

摩托车污染物排放限值及测量方法（中国第四阶段）——GB 14622—2016 代替 GB 14622—2007 和 GB 20998—2007，部分代替 GB 14621—2011；

轻型混合动力电动汽车污染物排放控制要求及测量方法——GB 19755—2016 代替 GB/T 19755—2005；

非道路移动机械用柴油机排气污染物排放限值及测量方法（中国第三、四阶段）——GB 20891—2014 代替 GB 20891—2007；

城市车辆用柴油发动机排气污染物排放限值及测量方法（WHTC 工况法）——HJ 689—2014；

轻型汽车污染物排放限值及测量方法（中国第五阶段）——GB 18352.5—2013 代替 GB18352.3—2005。

2.6.3 声环境保护相关标准

2.6.3.1 声环境质量标准

声环境功能区划分技术规范——GB/T 15190—2014 代替 GB/T 15190—94；

声环境质量标准——GB 3096—2008 代替 GB 3096—93 和 GB/T 14623—93；

机场周围飞机噪声环境标准——GB 9660—88；

城市区域环境振动标准——GB 10070—88。

2.6.3.2 环境噪声排放标准

建筑施工场界环境噪声排放标准——GB 12523—2011 代替 GB 12523—90 和 GB 12524—90；

社会生活环境噪声排放标准——GB 22337—2008；

工业企业厂界环境噪声排放标准——GB 12348—2008 代替 GB 12348—90 和 GB 12349—90；

关于发布《铁路边界噪声限值及其测量方法》（GB12525—90）修改方案的公告——环境保护部公告，2008 年第 38 号；

摩托车和轻便摩托车定置噪声排放限值及测量方法——GB 4569—2005；

三轮汽车和低速货车加速行驶车外噪声限值及测量方法（中国 I、II 阶段）——GB 19757—2005；

摩托车和轻便摩托车加速行驶噪声限值及测量方法——GB 16169—2005；

汽车加速行驶车外噪声限值及测量方法——GB 1495—2002 代替 GB 1495—79，部分代替 GB 1496—79；

汽车定置噪声限值——GB 16170—1996；

铁路边界噪声限值及其测量方法——GB 12525—90。

2.6.4 土壤环境保护相关标准

2.6.4.1 土壤环境质量标准

展览会用地土壤环境质量评价标准（暂行）——HJ 350—2007；

温室蔬菜产地环境质量评价标准——HJ 333—2006；

食用农产品产地环境质量评价标准——HJ 332—2006；

拟开放场址土壤中剩余放射性可接受水平规定（暂行）——HJ 53—2000；

土壤环境质量标准——GB 15618—1995。

2.6.4.2　固体废物污染控制标准

生活垃圾焚烧污染控制标准——GB 18485—2014 代替 GB 18485—2001；

水泥窑协同处置固体废物污染控制标准——GB 30485—2013。

2.6.5　危险废物环境保护相关标准

2.6.5.1　危险废物鉴别方法标准

危险废物鉴别技术规范——HJ/T 298—2007；

危险废物鉴别标准 通则——GB 5085.7—2007；

危险废物鉴别标准 毒性物质含量鉴别——GB 5085.6—2007；

危险废物鉴别标准 反应性鉴别——GB 5085.5—2007；

危险废物鉴别标准 易燃性鉴别——GB 5085.4—2007；

危险废物鉴别标准 浸出毒性鉴别——GB 5085.3—2007 代替 GB 5085.3—1996；

危险废物鉴别标准 急性毒性初筛——GB 5085.2—2007 代替 GB 5085.2—1996；

危险废物鉴别标准 腐蚀性鉴别——GB 5085.1—2007 代替 GB 5085.1—1996。

2.6.5.2　其他相关标准

水泥窑协同处置固体废物环境保护技术规范——HJ 662—2013；

固体废物处理处置工程技术导则——HJ 2035—2013。

2.6.6　机动车尾气排放相关标准

2.6.6.1　流动污染源排放标准相关标准

轻型汽车污染物排放限值及测量方法（中国第六阶段）——GB 18352.6—2016；

轻型汽车污染物排放限值及测量方法（中国第五阶段）——GB 18352.5—2013；

摩托车和轻便摩托车排气污染物排放限值及测量方法（双怠速法）——GB 14621—2011；

重型车用汽油发动机与汽车排气污染物排放限值及测量方法（中国Ⅲ、Ⅳ阶段）——GB 14762—2008；

轻便摩托车污染物排放限值及测量方法（工况法，中国第Ⅲ阶段）——GB 18176—2007；

装用点燃式发动机重型汽车 燃油蒸发污染物排放限值及测量方法（收集

法）——GB 14763—2005；

汽油车双怠速污染物排放标准——DB 11044—1999。

2.6.6.2　移动源排放限值相关标准

轻便摩托车污染物排放限值及测量方法（中国第四阶段）——GB 18176—2016；

轻便摩托车污染物排放限值及测量方法（工况法，中国第Ⅲ阶段）——GB 18176—2007；

车用压燃式、气体燃料点燃式发动机与汽车排气污染物排放限值及测量方法（中国Ⅲ、Ⅳ、Ⅴ阶段）——GB 17691—2005。

思 考 题

2-1　简述我国环境保护现状，根据现状预测存在的环境隐患问题。

2-2　阅读《中国环境状况公告》，概括总结我国污染物排放情况，并对水环境质量、大气环境质量、土壤环境质量进行评价。

2-3　阅读《水污染防治行动计划》《大气污染防治行动计划》以及《土壤污染防治行动计划》全文，简述出台该计划的背景、需要达到的效果以及为达到此效果所采取的具体措施。

2-4　以你所在的环境为例，对周围环境现状进行综合评价。

污水处理技术

实习目的

  进行污水处理厂实地考察，是增进学生理论与实践相结合的重要环节。通过到各个污水处理厂实习，了解各个构筑物的外观尺寸、结构功能特点，可增进学生的整体认识。听取污水处理厂专业人士的讲解，了解各个构筑物的适用条件、分类、处理原理以及处理效果等，掌握各种污水处理流程以及各种工艺的优化组合，对所学知识加深印象。

  进行污水处理厂实习，在增进基础知识牢固性的基础上，拓展学生的思维，培养学生独立思考、解决实际问题的能力，促使学生运用所学知识提出改进性的措施。

实习内容

  (1) 了解我国污水处理基本情况，并进行归纳总结。

  (2) 掌握典型污水处理工艺流程、工艺原理、处理污水适用范围，以及以此为基础的组合工艺和具体应用。

  (3) 了解基本构筑物的外观尺寸、功能特点、处理效果、适用范围以及分级分类等。

  (4) 了解污水处理厂采用的先进处理方法，进行方法对比，掌握不同处理方法的优缺点。

3.1　污水处理厂概述

  从污染源排出的污（废）水，因含污染物总量或浓度较高，达不到排放标准要求或不符合环境容量要求，从而降低了水环境质量和功能目标，因此必须经过人工强化处理的场所，这种场所称为污水处理厂（站）。污水处理厂（站）一般分为城市集中污水处理厂和各污染源分散污水处理厂，处理后排入水体或城市管道。有时为了回收或循环利用废水资源，需要提高处理后出水水质时，则需建设污水回用或污水循环利用处理厂。

  处理厂的处理工艺流程是由各种常用的或特殊的水处理方法优化组合而成

的，包括各种物理法、化学法和生物法，要求技术先进、经济合理、费用最省。设计时必须贯彻当前国家的各项建设方针和政策。因此，从处理深度上，污水处理厂可能是一级、二级、三级或深度处理。污水处理厂设计包括对各种不同处理构筑物，附属建筑物，管道的平面和高程的设计，并进行道路、绿化、管道综合、厂区给排水、污泥处置及处理系统管理自动化等设计，以保证污水处理厂达到处理效果稳定、满足设计要求、运行管理方便、技术先进、投资运行费用省等各种要求。

3.2　我国污水处理情况

我国污水处理产业发展起步较晚，建国以来到改革开放前，我国污水处理的需求主要是以工业和国防尖端使用为主。改革开放后，国民经济的快速发展，人民生活水平的显著提高，拉动了污水处理的需求。进入 20 世纪 90 年代后，我国污水处理产业进入快速发展期，污水处理需求的增速远高于全球水平。

根据环境保护部统计，2003～2013 年，全国废水排放总量保持较快增长趋势，复合增长率达到 4.22%。生活污水排放量占废水排放总量的比重亦逐年提高，2013 年全国城镇生活污水排放量达到 $4.85×10^{10} m^3$，占废水排放总量的比例达到 69.76%。生活污水排放量持续增长并有加快的趋势。

2016 年 11 月，国务院办公厅发布《"十三五"全国城镇污水处理及再生利用设施建设规划》。《规划》指出，"十三五"期间，建设国家级排水与污水处理监测站 1 座、省级监测站 38 座、市级监测站 288 座。所有设市城市具备排水与污水处理监测能力。新增污水处理设施能力 $4890×10^4 m^3/d$，其中，城市 $2848×10^4 m^3/d$，县城 $980×10^4 m^3/d$，建制镇 $1062×10^4 m^3/d$。新建污水再生利用设施规模 $2113×10^4 m^3/d$，其中，京津冀地区 $383×10^4 m^3/d$，缺水地区 $1493×10^4 m^3/d$，其他地区 $237×10^4 m^3/d$。全部建成后，我国城镇污水再生利用设施总规模达到 $4766×10^4 m^3/d$。其次，在"十二五"取得积极成果的基础上，统筹规划，合理布局，进一步加大投入，实现污水处理设施建设由"规模增长"向"提质增效"转变，由"重水轻泥"向"泥水并重"转变，由"污水处理"向"再生利用"转变，全面提升我国城镇污水处理设施的保障能力和服务水平，使群众切实感受到水环境质量改善的成效。

3.3　城市排水管网系统

为了系统地排出和处置各种废水而建设的一整套工程设施称为排水系统。排水系统主要有合流制和分流制两种系统。

合流制排水系统是将生活污水、工业废水和雨水混合在同一管渠内收集、输送的系统。分流制排水系统是将污水和雨水分别在两套或两套以上各自独立的管渠内排出的系统。收集、输送生活污水、工业废水或城市污水的系统称污水排水系统；收集、输送雨水的系统称雨水排水系统。

北京城区污水处理厂管网收集系统

近年来，北京的排水设施建设飞速发展，城市平均每年新建一座污水处理厂和一百余公里污水干线。北京排水集团先后建成高碑店、酒仙桥、北小河、清河、方庄、小红门等8座污水处理厂，污水处理能力提高到 $2.56 \times 10^6 \mathrm{m^3/d}$，占北京中心城总污水处理能力的95%以上。

高碑店污水处理厂汇集北京市南部地区的大部分生活污水、东郊工业区、使馆区和化工路的全部污水，服务人口240万人，占地68公顷，北京市每天产生污水250多万吨，近一半的污水在这里进行处理。

北京排水集团酒仙桥污水处理厂位于北京市东北部，服务面积86平方公里，总设计规模为处理污水 $3.5 \times 10^5 \mathrm{m^3/d}$，酒仙桥污水处理厂主要处理东北郊地区、酒仙桥地区、望京新区及正在开发中的电子城等地区直接入河的污水。

北小河污水处理厂占地面积 $6 \times 10^4 \mathrm{m^2}$，服务面积 $30 \mathrm{km^2}$，总投资4700多万元人民币，担负着亚运村及北苑一带的工业废水和生活污水的处理及治理北小河下游河道的任务。

清河污水处理厂位于北京市城区北面的清河镇东，西距德昌公路1.7km，南距清河1.4km。清河污水处理厂主要解决清河流域排放的生活污水。

方庄污水处理厂位于北京南郊左安门外，东南三环以南，成寿寺路以东，在方庄小区的东南部，主要处理来自方庄住宅区的全部生活污水，占地4.92公顷，服务面积147.6公顷，服务人口10万人，方庄污水处理厂设计规模为日处理 $4 \times 10^4 \mathrm{m^3}$。

小红门污水处理厂共辖设三个污水处理厂，分别为小红门厂、吴家村厂和次渠厂，主要担负着北京市西部、西南部和南部5个城区和1个工业区的污水处理任务，总服务面积约242平方公里，服务人口300余万人。

3.4　常见城市污水预处理、一级处理系统

污水预处理是污水进入传统的沉淀、生物等处理之前根据后续处理流程对水质的要求而设置的预处理设施，是污水处理厂的咽喉。对于城市污水集中处理厂和污染源内分散污水处理厂，预处理主要包括格栅、筛网、沉砂池、砂水分离器等处理设施。而对于某些工业废水在进入集中或分散污水处理厂前，除了需要进

行上述一般的预处理外，还需进行水质水量的调节处理和其他一些特殊的预处理，例如中和、捞毛、预沉、预曝气等。

3.4.1 格栅

格栅（图3-1）是由一组或数组平行的金属栅条、塑料齿钩或金属筛网、框架及相关装置组成，倾斜安置在污水渠道、泵房集水井的进水口处或污水处理厂的前端，用来截留污水中较粗大的漂浮物和悬浮物，如纤维、碎皮、毛发、果皮、蔬菜、布条、塑料制品等，防止阻塞和缠绕水泵机组、曝气管、管道阀门、处理构筑物配水设施、进出水口，减少后续产生的浮渣，保证污水处理设施的正常运行。其类型按间距可分为粗格栅、中格栅、细格栅，栅条形状有圆形、矩形、方形等。其中圆形栅条的阻力小，矩形栅条因其刚度好而常采用。

a   b

图3-1 格栅

3.4.1.1 粗格栅

栅条间距为50~150mm，是设于泵前的第一道格栅，以拦截粗大的悬浮物，使水泵不受损害。在实际操作中，存在许多大型的悬浮物，尤其是合流制的污水处理系统，粗格栅的设计必须有足够的强度和刚度，以免造成弯曲。

3.4.1.2 中格栅

栅条间距为10~50mm，用于垃圾较少的合流或分流制系统的水泵前，以拦截漂浮物，保护水泵不受损害。

3.4.1.3 细格栅

栅条间距为1.5~10mm。处理来水中大量的小型漂浮物，极易通过上述的两种格栅流到处理构筑物，并漂浮在水面，影响曝气系统的正常运行。细格栅的作用是进一步拦截细小的漂浮物，设在泵前粗格栅后或泵提升后的沉砂池前。

污水在栅前渠道内的流速一般控制在0.4~0.8m/s，经过格栅的流速一般控制在0.6~1.0m/s。若过栅流速太大，将把本应拦截下来的软性栅渣冲走，降低格栅的工作效率；若过栅流速太小，污水中粒径较大的砂粒将有可能在栅前渠道内沉积。

3.4.2　沉砂池

污水中的无机颗粒不仅会磨损设备和管道，降低活性污泥的活性，而且会板积在反应池底部减小反应器的有效容积，甚至在脱水时扎破滤带损坏脱水设备。沉砂池的设置目的就是去除污水中泥沙、煤渣等相对密度较大的无机颗粒，以免影响后续构筑物的正常运行。

沉砂池的工作原理以重力分离或离心力分离为基础，即控制进入沉砂池的污水流速或旋流速度，使相对密度大的无机颗粒下沉，而有机悬浮颗粒则随水流带走。常用的沉砂池形式有平流式沉砂池、曝气沉砂池、旋流沉砂池等。

3.4.2.1　平流式沉砂池

平流式沉砂池结构简单，截留效果好，是沉砂池中常用的一种。沉砂池的主体部分，实际是一个加宽、加深了的明渠，由入流渠、沉砂区、出流渠、沉砂斗等部分组成，两端设有闸板以控制水流。在池底设置 1~2 个贮砂斗，利用重力排砂，也可用射流泵或螺旋泵排砂。为保证沉砂池有很好的沉砂性能，又使密度较小的有机悬浮颗粒不被截留，一般设计流速为 0.15~0.3m/s，停留时间应大于30s。但可能会使一部分的有机悬浮物在池中沉积，或有机物附着在砂粒表面随其沉积。

3.4.2.2　曝气沉砂池

曝气沉砂池是一长形渠道，沿渠壁一侧的整个长度方向，距池底 60~90cm处安设曝气装置，在其下部设集砂斗，池底有 $i = 0.1~0.5$ 的坡度，以保证砂粒滑入。由于曝气作用，废水中有机颗粒经常处于悬浮状态，砂粒互相摩擦并承受曝气的剪切力，砂粒上附着的有机污染物得以去除，有利于取得较为纯净的砂粒。在池内整个水流是以螺旋状的形式前进的，在旋流的离心力作用下，这些密度较大的砂粒被甩向外部，沉入集砂槽，而密度较小的有机物随水流向前流动被带到下一处理单元。由于旋流主要是由鼓入的空气所形成的，不是依赖水流的作用，因而曝气沉砂池比其他沉砂池抗冲击负荷能力强得多，沉砂效果稳定可靠。

另外，在水中曝气可脱臭，改善水质，有利于后续处理，还可起到预曝气作用。普通沉砂池截留的沉砂中夹杂有 15% 的有机物，使沉砂的后续处理难度增加，采用曝气沉砂池，可在一定程度上克服此缺点。曝气沉砂池实物图如图 3-4所示。

3.4.2.3　旋流沉砂池

旋流沉砂池是利用机械力控制水流流态与流速、加速沙粒的沉淀并使有机物随水流带走的沉砂装置。沉砂池由流入口、流出口、沉砂区、砂斗、涡轮驱动装置以及排沙系统等组成。旋流式沉砂池具有占地省、除砂效率高、操作环境好、设备运行可靠等优点。

目前广泛应用的旋流沉砂池主要为钟式和比式两大类。钟式沉砂池是利用机械力控制水流流态与流速，加速砂粒的沉淀并使有机物随水流带走的沉砂装置。调整转速，可达到最佳沉砂效果。钟式沉砂池采用270°的进出水方式，池体主要由分选区和集砂区两部分构成，其构造特点是在两个分区之间采用斜坡连接。虽然不同的国外公司在此典型结构的基础上开发出了多种多样的变型，其变化主要集中在斜坡的倾斜度及搅拌桨的形式上，但砂粒的沉降机理并无多大差别。钟氏池的斜坡式设计，使得砂粒的沉降主要依靠重力，砂粒通过斜坡自然滑入集砂坑。在滑入集砂坑之前，在旋转桨片产生的斜向水流作用下将附在砂粒上的有机物分离开。

美国 Snapfinger 污水处理厂预处理单元

Snapfinger 污水厂位于美国迪卡布县南部，始建于1963年，当时设计废水处理流量为7570m^3/d，是由迪卡布县建设和运行的第2座污水处理厂。1983年，政府按照美国清洁水法的要求，对该污水处理厂进行了扩建改造，达到设计流量为1.36×10^5m^3/d的规模。

该污水厂采用格栅、石灰法化学除磷工艺、生物脱氮工艺、氯气接触消毒工艺及污泥处理工艺，一套完整的从污水处理到污泥处置的高效稳定运行的污水处理系统。其污水处理预处理单元主要包含：

（1）调节池。

调节池容积为7.6×10^4m^3，实际进水流量为1.06×10^5m^3/d，设计平均流量为1.36×10^5m^3/d，最大流量为1.7×10^5m^3/d。

（2）进水系统。

此单元共设置3座格栅间，长12m，宽2m，且格栅前后都安装有超声波液位控制器。集水井尺寸规格为5m×12m×4m，总容量为190m^3，进水提升泵房设置4台 Fairbanks Morse 离心泵，功率为294kW，流量为1.02×10^5m^3/d，阀门为0.9m止回阀，并安装变速驱动器。

（3）曝气沉砂池。

该水厂设置曝气沉砂池2座，单池流量为6.8×10^4m^3/d，体积为530m^3，每座沉砂池安装3套摆动式空气扩散器、4台 Lamson 离心式鼓风机，其中大型鼓风机工作压力为55kPa，小型鼓风机工作压力为20kPa，曝气沉砂池出水进入调节池，浮渣和污泥排入污泥混合池。

污水一级处理是指去除污水中的漂浮物及悬浮状态的污染物质，调节 pH值，减轻污水的腐化程度和后处理工艺负荷的处理方法，一般作为污水处理的预处理手段。一级处理是二级生物处理的预处理过程，只有一级处理出水水质符合

要求，才能保证二级生物处理运行平稳，进而确保二级出水水质达标。针对不同污水中存在的不同污染物，应实施与之相对应的一级处理工艺。常见的一级处理构筑物有沉淀池、气浮池、隔油池等。

3.4.3　沉淀池

沉淀池是分离悬浮固体的一种常用处理构筑物。按工艺布置的不同分为初沉池和二沉池。初沉池是一级污水处理系统的主要处理构筑物，或作为生物处理法中预处理的构筑物，对于一般的城镇污水，初沉池去除的对象是悬浮固体，可以去除 SS 40%～55%，同时可以去除 22%～30% 的 BOD_5，可以降低后续生物处理构筑物的有机负荷。二沉池设在生物处理构筑物之后，用于沉淀分离活性污泥或去除脱落的生物膜，是生物处理工艺中一个重要的组成部分。

沉淀池按池内水流方向不同分为平流式、辐流式及竖流式三种，由于竖流式沉淀池表面负荷小，处理效果差，基本上已不被采用。图 3-2 为辐流式和平流式沉淀池。

　　　　　　a　　　　　　　　　　　　　　　　　b

图 3-2　辐流式沉淀池（a）和平流式沉淀池（b）

3.4.3.1　辐流式沉淀池

辐流式沉淀池，池体平面圆形为多，也有方形的。直径（或边长）为 6～60m，最大可达 100m，池周水深 1.5～3.0m，池底坡度不宜小于 0.05。废水自池中心进水管进入池中，沿半径方向向池周缓缓流动。悬浮物在流动中沉降，并沿池底坡度进入污泥斗，澄清水从池周溢流出水渠。辐流式沉淀池多采用回转式刮泥机收集污泥，刮泥机刮板将沉至池底的污泥刮至池中心的污泥斗，再借重力或污泥泵排走。为了刮泥机的排泥要求，辐流式沉淀池的池底坡度平缓。

优点：采用机械排泥，运行较好，设备较简单，排泥设备已有定型产品，沉淀性效果好，日处理量大，对水体搅动小，有利于悬浮物的去除。

缺点：池水水流速度不稳定，受进水影响较大；底部刮泥、排泥设备复杂，对施工单位的要求高，占地面积较其他沉淀池大，一般适用于大、中型污水处理厂。

3.4.3.2 平流式沉淀池

平流式沉淀池池体平面为矩形，进口和出口分设在池长的两端。池的长宽比不小于4，有效水深一般不超过3m。平流式沉淀池沉淀效果好，使用较广泛，但占地面积大。常用于处理水量大于15000m³/d的污水处理厂。

平流式沉淀池由进、出水口，水流部分和污泥斗三个部分组成。池体平面为矩形，进出口分别设在池子的两端，进口一般采用淹没进水孔，水由进水渠通过均匀分布的进水孔流入池体，进水孔后设有挡板，使水流均匀地分布在整个池宽的横断面；出口多采用溢流堰，以保证沉淀后的澄清水可沿池宽均匀地流入出水渠。堰前设浮渣槽和挡板以截留水面浮渣。水流部分是池的主体，池宽和池深要保证水流沿池的过水断面布水均匀，依设计流速缓慢而稳定地流过。污泥斗用来积聚沉淀下来的污泥，多设在池前部的池底以下，斗底有排泥管，定期排泥。

某污水处理厂一级处理系统

该处理厂是北京市城市总体规划拟建的16座城市污水厂中规模最大、也是目前全国最大的污水处理厂，承担着北京市中心区及东郊地区总计9661公顷流域范围内的污水治理，服务人口240万人，占地1020亩，远期建设规模$2.5×10^6$ m³/d，近期建设规模$1×10^6$m³/d，占全市污水处理总量的40%。

处理流程采用前置缺氧段活性污泥法。一级处理单元包括：格栅间、进水泵房、曝气沉砂池、初次沉淀池。

(1) 格栅间。

该污水处理厂在泵房前池分别安装粗、细两道格栅。粗格栅间隙为100mm，人工清除污物；细格栅间隙为25mm，为链条式自动除污机，二期工程将粗格栅改为连续式自动清理，细格栅改为间隙0.5mm回转式自动除污机；栅渣用皮带输送装筒运往垃圾消纳厂填埋。污水处理厂格栅间实物图如图3-3a所示。

(2) 进水泵房。

污水处理厂设置6台立式污水混流泵，一期4台，二期2台。进水泵的作用是将上游来水提升至后续处理单元所要求的高度，使其实现重力自流。水泵性能见表3-1。进水泵房实物图如图3-3b所示。

表3-1 污水处理厂一期进水泵

水泵流量/m³·s⁻¹	水泵扬程/m	水泵转速/r·min⁻¹	水泵效率/%	水泵输出功率/kW
315	4	92	80	600

(3) 曝气沉砂池。

沉砂池主要功能是去除大颗粒的砂粒和无机物，避免砂粒沉积和堵塞管道，减少机械设备的磨损。为了使分离出来的砂粒和无机物比较干净，不带走有机物，以提高进水BOD浓度，污水处理厂采用曝气沉砂池（图3-4），它的原理是通过曝气使污水产生竖向紊流，使水与大颗粒无机物产生摩擦，将黏附于砂粒表

a   b

图 3-3 污水处理厂格栅间（a）和进水泵房（b）

面的有机物洗下，砂粒沉降于池底的集砂槽，通过潜污泵将砂子吸走，在螺旋砂水分离器中将砂水分离，砂子运走，分离出的污水进入厂区污水管线。

a   b

图 3-4 污水处理厂曝气沉砂池

污水处理厂一、二期各设两座曝气沉砂池，每座由两条池子组成，每条池长21m，宽6m，有效水深4.25m，横向40°坡角。污水在池中停留时间为6min。集砂槽长21m，宽0.8m，深1.04m。每座池设1台移动桥式吸砂机及砂水分离器（图3-5），共2套（瑞典PURAC公司）。

a   b

图 3-5 污水处理厂移动桥式吸砂机、砂水分离器

（4）初次沉淀池。

初沉池的主要作用是将污水在池内进行初次沉淀，去除污水中部分 SS（50%~60%）、BOD_5（25%~35%）和漂浮物以及均和水质。沉降于池底的污泥通过刮泥机的往复运行，将刮至泥斗中，再经螺杆泵组将污泥排至浓缩池，完成对污水的一级处理。

该污水处理厂采用的是平流式沉淀池，分四个系列，每系列六座初沉池，共 24 座，每座沉淀池长 75m，宽 14m，池末端有效水深为 2.5m，池底纵向坡度为 0.005，每座沉淀池表面积 $A = 1050m^2$，设 4 个泥斗，泥斗容积共 $57m^3$；表面负荷为 $0.826m^3/(m^2 \cdot h)$，水力停留时间为 1.5h。初沉池现场图如图 3-6 所示。

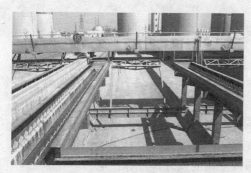

a   b

图 3-6　污水处理厂初沉池放空图（a）和泥斗（b）

初沉池上采用行车桥式刮泥机，配水渠道上防止污泥沉淀安装有飞力搅拌器，初沉池管廊装有六组螺杆泵组，每组螺杆泵组由一台破碎机和两台螺杆泵组成，负责两组初沉池的排泥，每组螺杆泵的运行是间歇的，其运行周期可在运行中根据污泥浓度来控制。

3.5　常用二级水处理系统

城市污水经过筛滤、沉砂、沉淀等一级处理（预处理），虽然已去除部分悬浮物和 25%~40% 的生化需氧量（BOD_5），但一般不能去除污水中呈溶解状态的和呈胶体状态的有机物和氧化物、硫化物等有毒物质，不能达到污水排放标准，需要进行二级处理。常见二级处理系统主要包含活性污泥法、生物膜法和厌氧生物处理法。

3.5.1　活性污泥法

活性污泥法是处理城市污水最广泛使用的方法之一。它能从污水中去除溶解的和胶体的可生物降解有机物以及能被活性污泥吸附的悬浮固体和其他一些物质，无机盐类（磷和氮的化合物）也能部分地被去除。类似的工业废水也可用活性污泥法处理。活性污泥法既适用于大流量的污水处理，也适用于小流量的污水处理。运行方式灵活，日常运行费用较低，但管理要求较高。

活性污泥法是由曝气池、沉淀池、污泥回流和剩余污泥排除系统所组成。活性污泥法的基本流程如图3-7所示。

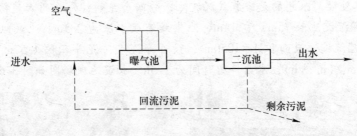

图 3-7 活性污泥法基本流程

污水和回流的活性污泥一起进入曝气池形成混合液。曝气池是一个生物反应器，通过曝气设备充入空气，空气中的氧溶入污水使活性污泥混合液产生好氧代谢反应。曝气设备不仅传递氧气进入混合液，且使混合液得到足够的搅拌而呈悬浮状态。这样，污水中的有机物、氧气同微生物能充分接触和反应。

随后混合液流入沉淀池，混合液中的悬浮固体在沉淀池中沉淀下来。流出沉淀池的就是净化水。沉淀池中的污泥大部分回流，污泥回流的目的是使曝气池内保持一定的悬浮固体浓度，也就是保持一定的微生物浓度。曝气池中的生化反应引起了微生物的增殖，增殖的微生物通常从沉淀池中排除，以维持活性污泥系统的稳定运行。剩余污泥中含有大量的微生物，排放至环境前应进行处理，防止污染环境。常用的活性污泥法有氧化沟、A²/O、序批式活性污泥法（SBR法）等。

3.5.1.1 氧化沟

氧化沟利用连续环式反应池（Cintinuous Loop Reator，简称CLR）作生物反应池，污水处理的整个过程如进水、曝气、沉淀、污泥稳定和出水等全部集中在氧化沟内完成，它通常采用延时曝气，连续进出水，所产生的微生物污泥在污水曝气净化的同时得到稳定，不需设置初沉池和污泥消化池，处理设施大大简化。混合液在该反应池中一条闭合曝气渠道进行连续循环，氧化沟通常在延时曝气条件下使用。氧化沟使用一种带方向控制的曝气和搅动装置，向反应池中的物质传递水平速度，从而使被搅动的液体在闭合式渠道中循环。

氧化沟一般由沟体、曝气设备、进出水装置、导流和混合设备组成，沟体的平面形状一般呈环形，也可以是长方形、L形、圆形或其他形状，沟端面形状多为矩形和梯形，其示意图如图3-8所示。

氧化沟法由于具有较长的水力停留时间，较低的有机负荷和较长的污泥龄。

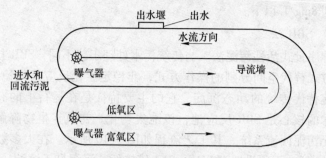

图 3-8 氧化沟处理系统

因此相比传统活性污泥法，可以省略调节池、初沉池、污泥消化池，有的还可以省略二沉池。

3.5.1.2 A²/O 工艺

A²/O 工艺或称 AAO 工艺，在一个处理系统中同时具有厌氧区、缺氧区、好氧区，能够同时做到脱氮、除磷和有机物降解，其工艺流程见图 3-9 所示。

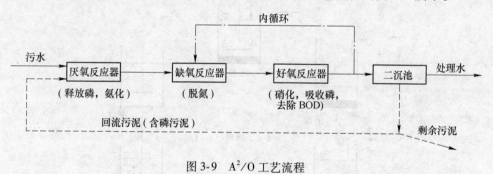

图 3-9 A²/O 工艺流程

污水进入厌氧反应区，同时进入的还有从二沉池回流的活性污泥，聚磷菌在厌氧条件下释放磷，同时转化易降解的 COD、VFA 为 PHB，部分含氮有机物进行氨化。

污水经过第一个厌氧反应器以后进入缺氧反应器，本反应器的首要功能是进行脱氮。硝态氮通过混合液的内循环由好氧反应器传输过来，通常内回流量为 2~4 倍原污水流量，部分有机物在反硝化菌的作用下利用硝酸盐作为电子受体而得到降解去除。

混合液从缺氧反应区进入好氧反应区，混合液中的 COD 浓度已基本接近排放标准，在好氧反应区进一步降解有机物外，主要进行氨氮的硝化和磷的吸收，混合液中硝态氮回流至缺氧反应区，污泥中过量吸收的磷通过剩余污泥排除。

该工艺流程简洁，污泥在厌氧、缺氧、好氧环境中交替进行，丝状菌不能大量繁殖，污泥沉降性能好。该处理系统出水中磷浓度基本可达到 1mg/L 以下，氨氮也可达到 8mg/L 以下。

3.5.1.3　SBR 法

SBR 又称序批式活性污泥法。与传统污水处理工艺不同，SBR 技术采用时间分割的操作方式替代空间分割的操作方式，非稳定生化反应替代稳态生化反应，静置理想沉淀替代传统的动态沉淀。它的主要特征是在运行上的有序和间歇操作，SBR 技术的核心是 SBR 反应池，该池集均化、初沉、生物降解、二沉等功能于一池，无污泥回流系统。其工艺流程如图 3-10 所示。在大多数情况下（包括工业废水处理），无须设置调节池；SVI 值较低，污泥易于沉淀，一般情况下，不产生污泥膨胀现象；通过对运行方式的调节，在单一的曝气池内能够进行脱氮和除磷反应；应用电动阀、液位计、自动计时器及可编程序控制器等自控仪表，可使本工艺过程实现全部自动化，而由中心控制室控制；运行管理得当，处理水水质优于连续式；加深池深时，与同样的 BOD-SS 负荷的其他方式相比较，占地面积较小；耐冲击负荷，处理有毒或高浓度有机废水的能力强。

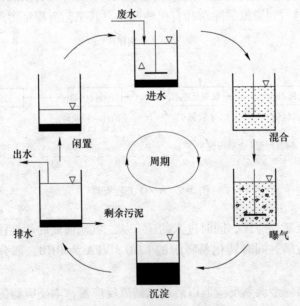

图 3-10　SBR 工艺反应流程

北京某污水处理厂生物曝气处理系统

污水处厂为改善污泥沉降性能，减少二沉池反硝化过程，减少二沉池的污泥上浮，提高出水水质，二级处理采用缺氧-好氧（A/O）活性污泥法，前缺氧后曝气，延长缺氧时间。

曝气池是由微生物组成的活性污泥与污水中的有机污染物质充分混合接触，并进而将其吸收分解的场所，它是活性污泥工艺的核心。污水处厂采用推流式曝气池，一、二两期共有24座曝气池，分为4个系列，每6座为一系列；每座曝气池由3个廊道组成，每个廊道的设计尺寸为长96.2m，宽9.28m，有效水深6m，超高1.1m，第一廊道的前1/2段为厌氧段，为防止污泥沉降，装有2台水下搅拌器，在回流渠内为防止污泥沉降装有Flygt SR4650水下搅拌器2台。曝气方式采用曝气头：一期采用国产钢钰式微式曝气器共90000个，二期采用进口膜片橡胶微孔曝气头，总数为36036个；曝气时间为9.2h；900kW离心式鼓风机共8台（2台备用）。曝气池和曝气头如图3-11所示。二期工程4系列为A/O法，增加内回流设施。

a　　　　　　　　　　　　　　　　　b

图3-11　污水处理厂生物曝气池（a）和曝气头（b）

内回流比：内回流比系指混合液内回流量与入流污水量之比，本厂采用内回流比 $r = 200\% \sim 400\%$。

回流比：由于入流污水中氮绝大部分已被去除，二沉池中 $NO_3\text{-}N$ 浓度不高，因此二沉池中由于反硝化而导致污泥上浮的危险性较小，同时降低 R，可延长污水在曝气池中的停留时间，回流比应控制在 $R \leqslant 70\%$。

溶解氧DO：生物硝化反应主要在好氧段进行，因此好氧段 $DO \geqslant 2mg/L$，生物反硝化反应主要在厌氧段进行，因此厌氧段 $DO \leqslant 0.5mg/L$，在运行中，根据工艺需要随时调整DO值。

BOD_5 和TKN：为使缺氧段的污水中必须有充足的有机物，以满足反硝化细菌在分解有机物的过程中反化脱氮，在厌氧段应使 BOD_5/TKN 应控制在2~3。

pH值和碱度：pH应控制在6.5~8.0范围内，利于硝化及反硝化高效进行。

3.5.2　生物膜法

生物膜法主要用于从污水中去除溶解性有机污染物，是一种被广泛采用的生物处理方法。生物膜法的主要优点是对水质、水量变化的适应性较强。生物膜法是一大类生物处理法的统称，共同的特点是微生物附着在介质"滤料"表面上，形成生物膜，污水同生物膜接触后，溶解的有机污染物被微生物吸附转化为

H_2O、CO_2、NH_3和微生物细胞物质，污水得到净化，所需氧气一般直接来自大气。生物膜法的主要设施有生物滤池、生物转盘、生物接触氧化池和生物流化床等。

3.5.2.1　生物滤池

生物滤池是生物膜法处理的传统工艺，其构造由滤床及池体、布水设备和排水系统等部分组成，如图 3-12 所示。

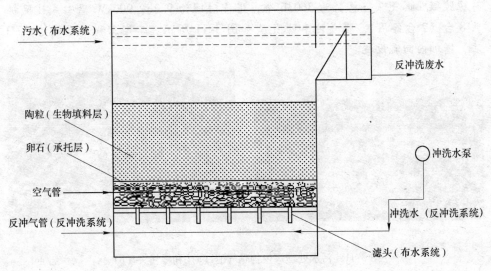

图 3-12　生物滤池构造图

生物滤池法的基本流程是由初沉池、生物滤池、二沉池组成。进入生物滤池的污水，必须通过预处理，去除悬浮物、油脂等会堵塞滤料的物质，并使水质均化稳定。一般在生物滤池前设初沉池，也可根据污水水质而采取其他方式进行预处理，达到同样的效果。生物滤池后设二沉池，用以截留滤池中脱落的生物膜，以保证出水水质。

生物滤池的一个主要优点是运行简单，因此适用于小城镇和边远地区。一般认为，它对入流水质水量的变化承受能力较强，脱落的生物膜密实，较容易在二沉池中被分离。

3.5.2.2　生物转盘法

生物转盘的主要组成部分有转动轴、转盘、废水处理槽和驱动装置等。处理系统示意图和现场实物图如图 3-13 所示。生物转盘的主体是垂直固定在水平轴上的一组圆形盘片和一个同它配合的半圆形水槽。微生物生长并形成一层生物膜附着在盘片表面，40%~45%的盘面（转轴以下的部分）浸没在废水中，上半部敞露在大气中。当圆盘浸在污水中时，污水中的有机物被盘片上的生物膜吸附，当圆盘离开污水时，盘片表面形成薄薄一层水膜。水膜从空气中吸收氧气，同时生物膜分解被吸附的氧气。这样圆盘每转动一圈，即进行一次吸附—吸氧—氧化分解过程。圆盘不断转动，污水不断得到净化，同时盘片上的生物膜不断生长、增厚。随着膜的增厚，内层的微生物呈厌氧状态，当其失去活性时则使生物膜自盘面脱落，并随出水流至二次沉淀池。

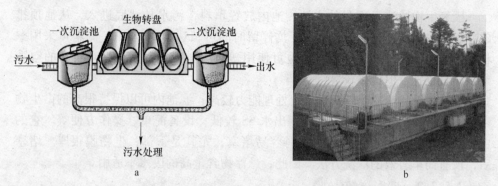

图 3-13 生物转盘处理系统示意图（a）和现场实物图（b）

3.5.2.3 生物接触氧化法

生物接触氧化法的处理构筑物是浸没曝气式生物滤池，也称生物接触氧化池。生物接触氧化池内设置填料，填料淹没在废水中，填料上长满生物膜，废水与生物膜接触过程中，水中的有机物被微生物吸附、氧化分解和转化为新的生物膜。从填料上脱落的生物膜，随水流到二沉池后被去除，废水得到净化。在接触氧化池中，微生物所需要的氧气来自水中，而废水则自鼓入的空气不断补充失去的溶解氧。空气是通过设在池底的穿孔布气管进入水流，当气泡上升时向废水供应氧气，有时借以回流池水，其现场图如图 3-14 所示。

图 3-14 生物接触氧化池
a—悬浮填料；b—固定填料

3.5.3 厌氧生物处理法

废水厌氧生物处理是指利用厌氧微生物的代谢过程，在无须提供氧的情况下，把有机物转化为无机物（主要是沼气、水、二氧化碳）和少量细胞物质的生物处理过程,是一种把污水处理和能源回收相结合的技术。常用的有厌氧生物滤池、厌氧接触法、上流式厌氧污泥床反应器及分段消化等。

3.5.3.1　厌氧生物滤池

厌氧生物滤池是密封的水池,池内放置填料,污水从池底进入,从池顶排出。微生物附着生长在滤料上,平均停留时间可长达100d左右。滤料可采用拳状石质滤料,如碎石、卵石等,也可使用塑料填料。塑料填料具有较高的空隙率,质量也轻,但价格较贵。

厌氧生物滤池的主要优点是:处理能力较高;滤池内可以保持很高的微生物浓度;不需要另设泥水分离设备,出水 SS 较低;设备简单、操作方便等。它的主要缺点是:滤料费用较贵;滤料容易堵塞,尤其是下部,生物膜很厚。堵塞后,没有简单有效的清洗方法。因此,悬浮物含量高的废水不适用。

3.5.3.2　厌氧接触法

对于悬浮物较高的有机废水,可以采用厌氧接触法。废水先进入混合接触池(消化池)与回流的厌氧污泥相混合,然后经真空脱气器而流入沉淀池。接触池中的污泥浓度要求很高,在 12000~15000mg/L,因此污泥回流量很大,一般是废水流量的 2~3 倍。

厌氧接触法实质上是厌氧活性污泥法,不需要曝气而需要脱气。厌氧接触法对悬浮物含量高的有机废水(如肉类加工废水等)效果很好,悬浮颗粒成为微生物的载体,并且很容易在沉淀池中沉淀。在混合接触池中,要进行适当搅拌以使污泥保持悬浮状态,厌氧生物接触氧化池如图 3-15 所示。

图 3-15　厌氧生物接触氧化池

3.5.3.3　上流式厌氧污泥床反应器

上流式厌氧污泥床反应器(UASB),废水自下而上地通过厌氧污泥床反应器。在反应器的底部有一个高浓度(可达 60~80g/L)、高活性的污泥层,大部分的有机物在这里被转化为 CH_4 和 CO_2。由于气态产物(消化气)的搅动和气泡黏附污泥，在污泥层之上形成一个污泥悬浮层。反应器的上部设有三相分离器，完成气、液、固三相的分离。被分离的消化气从上部导出，被分离的污泥则自动滑落到悬浮污泥层。出水则从澄清区流出。由于在反应器内保留了大量厌氧污泥，使反应器的负荷能力很大。对一般的高浓度有机水，当水温在30℃左右时，负荷率可达 $10\sim20kg$（COD_{Cr}）$/(m^3\cdot d)$。

3.5.3.4 分段厌氧处理法

二段式厌氧处理法即将水解酸化过程和甲烷化过程分开在两个反应器内进行，以使两类微生物都能在各自的最适条件下生长繁殖。第一段的功能是：水解和液化固态有机物为有机酸；缓冲和稀释负荷冲击与有害物质，并截留难降解的固态物质。第二段的功能是：保持严格的厌氧条件和 pH 值，以利于甲烷菌的生长；降解、稳定有机物，产生含甲烷较多的消化气，并截留悬浮固体，以改善出水水质。

二段式厌氧处理法的流程尚无定式，可以采用不同构筑物予以组合。例如对悬浮物高的工业废水，采用厌氧接触法与上流式厌氧污泥床反应器串联的组合已经有成功的经验，二段式厌氧处理法具有运行稳定可靠，能承受 pH 值、毒物等的冲击，有机负荷率高，消化气中甲烷含量高等特点；但这种方法也有设备较多、流程和操作复杂等缺陷。

3.6 污水深度处理系统

污水深度处理是指城市污水或工业废水经一级、二级处理后，为了达到一定的回用水标准使污水作为水资源回用于生产或生活的进一步水处理过程。针对污水（废水）的原水水质和处理后的水质要求可进一步采用三级处理或多级处理工艺。常用于去除水中的微量 COD 和 BOD 等有机污染物质，SS 及氮、磷高浓度营养物质及盐类。常用方法有过滤、膜处理、生物处理等方法。

3.6.1 过滤系统

3.6.1.1 常规机械过滤

在常规水处理过程中，过滤一般是指以石英砂等粒状滤料层截留水中悬浮杂质，从而使水获得澄清的工艺过程。滤池通常置于沉淀池或澄清池之后。进水浊度一般在 10NTU 以下。当原水浊度较低（一般在 100NTU 以下），且水质较好时，也可采用原水直接过滤。过滤的功效，不仅在于进一步降低水的浊度，而且水中有机物、细菌乃至病毒等将随水的浊度降低而被部分去除。至于残留于滤后水中的细菌、病毒等在失去浑浊物的保护或依附时，在滤后消毒过程中也将容易被杀灭，这就为滤后消毒创造了良好条件。在饮用水的净化工艺中，有时沉淀池或澄清池可省略，但过滤是不可缺少的，它是保证饮用水卫生安全的重要措施。

滤池有多种形式。以石英砂作为滤料的普通快滤池使用历史最久。在此基础上，人们从不同的工艺角度发展了其他形式快滤池。为充分发挥滤料层截留杂质能力，出现滤料粒径循水流方向减小或不变的过滤层，例如，双层、多层及均质滤料滤池，上向流和双向流滤池等。为了减少滤池阀门，出现了虹吸滤池、无阀滤池、移动冲洗罩滤池以及其他水力自动冲洗滤池等。在冲洗方式上，有单纯水冲洗和气水反冲洗两种。图 3-16 展示了普通快滤池在运行与停止状态时，滤池内部结构现场图。

     a   b

图 3-16 普通快滤池现场图

a—运行状态；b—停运状态

3.6.1.2 微滤

微滤又称微孔过滤，它属于精密过滤，截留溶液中的砂砾、淤泥、黏土等颗粒和贾第虫、隐孢子虫、藻类和一些细菌等，而大量溶剂、小分子及大量大分子溶质都能透过膜的分离过程。它的孔径范围一般为 $0.1 \sim 0.75 \mu m$。

微滤的基本原理是筛分过程，操作压力一般在 $0.7 \sim 7kPa$，原料液在静压差作用下，透过一种过滤材料，如折叠滤芯、熔喷滤芯、微滤膜等。通常由透过纤维素或高分子材料制成的微孔滤膜，利用其均一孔径，来截留水中的微粒、细菌等，使其不能透过滤膜而被除去。微滤设备的现场图和膜构造示意图如图 3-17 所示。

3.6.1.3 超滤

超滤作为膜分离技术之一，能将溶液净化、分离或者浓缩，是介于微滤和纳滤之间的一种膜过程，且三者之间无明显的分界线。一般来说，超滤膜的截留相对分子质量在 $500 \sim 300000$，而相应的膜孔径范围为 $0.005 \sim 1 \mu m$，由于超滤膜具有精密的微细孔，典型应用是从溶液中分离大分子物质和胶体。当原水流过膜表面时，在压力的作用下，水、无机盐和溶解性有机物等小分子物质透过膜，而水中的悬浮物、胶体、微粒、细菌和病毒等大分子物质被截留，从而完成了水的净

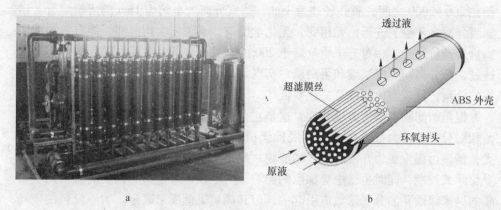

图 3-17 微滤设备现场图（a）和微滤膜构造示意图（b）

化过程。

　　超滤的过程并不是单纯的机械截留、物理筛分，而是存在以下三种作用：（1）溶质在膜表面和微孔孔壁上发生吸附；（2）溶质的粒径大小与膜孔径相仿，溶质嵌在孔中，引起阻塞；（3）溶质的粒径大于膜孔径，溶质在膜表面被机械截留，实现筛分。超滤的过程是动态过滤，即在超滤膜的表面既受到垂直于膜面的压力，使水分子得以透过膜表面并与被截留物质分离，同时又产生一个与膜表面平行的切向力，以将截留在膜表面的物质冲开。因此，超滤运行的周期可以比较长。超滤设备的现场图和中空纤维膜实物图如图 3-18 所示。

图 3-18 超滤设备现场图（a）和中空纤维膜实物图（b，c）

3.6.1.4 纳滤（NF）

　　纳滤分离是一项新型膜分离技术，技术原理近似机械筛分。纳滤膜的截留相对分子质量介于反渗透膜和超滤膜之间。纳滤技术是为了适应工业软化水的需求及降低成本而发展起来的一种新型的压力驱动膜过程。纳滤膜的截留相对分子质量在200~2000之间，膜孔径约为1nm，适宜分离大小约为1nm的溶解组分。纳滤膜分离在常温下进行，无相变，无化学反应，不破坏生物活性，能有效地截留二价及高价离子、相对分子质量高于200的有机小分子，而使大部分一价无机盐透过，可分离同类氢基酸和蛋白质，实现高相对分子质量和低相对分子质量有机物的分离，且成本比传统工艺还要低。

但是纳滤膜本体带有电荷性，这是它在很低压力下仍具有较高脱盐性能和截留相对分子质量为数百的膜也可脱除无机盐的重要原因。由于纳滤膜的孔径较大，传质过程主要为孔流形式。纳滤膜一般是荷电型膜，其对无机盐的分离不仅受化学式控制，同时也受电势梯度的影响，对中性不带电荷的物质的截留则是由膜的纳米级微孔的分子筛效应引起的，但其确切机理尚未确定。纳滤设备的现场图和膜构造示意图如图3-19所示。

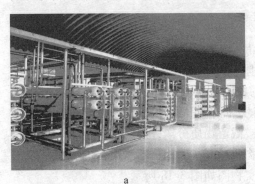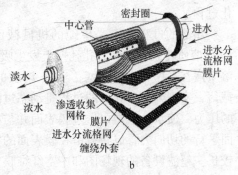

图3-19　纳滤设备现场图（a）和纳滤膜构造示意图（b）

3.6.1.5　反渗透

反渗透法是一种借助压力促使水分子反向渗透，以浓缩溶液或废水的方法。如果将纯水和盐水用半透膜隔开，此半透膜只有水分子能够通过而其他溶质不能通过。则水分子将透过半透膜而进入溶液（盐水），溶液逐渐从浓变稀，液面不断地上升，直到某一定值为止。这个现象叫渗透。如果我们向溶液的一侧施加压力，并且超过它的渗透压，则溶液中的水就会透过半透膜，流向纯水一侧，而溶质被截留在溶液一侧，这种方法就是反渗透法。

实际的反渗透过程中所加外压一般都达到渗透压差的若干倍。目前膜透过程分成三类：高压反渗透（5.6~10.5MPa，如海水淡化）、低压反渗透（1.4~4.2MPa，如苦咸水的脱盐）和疏松反渗透（0.3~1.4MPa，如部分脱盐、软化）。高压与低压反渗透膜具有高脱盐率（对NaCl达95%~99.9%的去除），对低相对分子质量有机物的较高去除效果。反渗透设备现场图和膜构造示意图如图3-20所示。

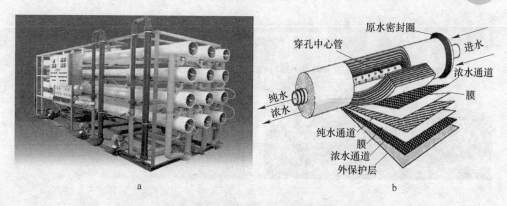

图 3-20 反渗透设备现场图 (a) 和反渗透膜构造示意图 (b)

某热电厂污水深度处理

该热电厂采用附近污水处理厂二级处理后的再生水作为循环水系统的补水，循环系统为敞开式。其深度处理流程如图 3-21 所示。

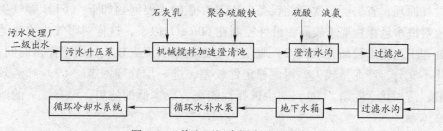

图 3-21 热电厂污水深度处理流程

由污水处理厂来的二级污水，经升压泵提升以后，进入两座机械搅拌加速澄清池。石灰乳及聚合硫酸铁投加到澄清池的第一反应室内经混合、反应并澄清水流入推流式氯接触池，该池内加入硫酸、氯气，以降低澄清池水的 pH 值，防止碳酸钙在重力式变空隙度滤池中沉淀及杀菌，灭藻，防止微生物滋生。

3.6.2 生物处理方法

利用微生物自身可对有机物、含氮化合物、含磷化合物等物质进行分解吸收来产生能量及营养物质的特性，培养出某些特定的微生物，利用它们的这种特点处理污水中的污染物质，达到对水质净化的目的。生物处理法包括好氧处理和厌氧处理两大类。生物膜法是与活性污泥法同类的好氧生物处理方法，具有处理效率高、运行管理简便等特点，在污水处理中发挥着重要的作用。

3.6.2.1 曝气生物滤池技术

曝气生物滤池（简称 BAF，见图 3-22）的基本原理是在一级强化的基础上，

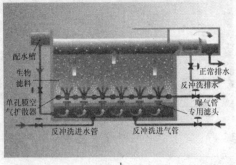

a   b

图 3-22 曝气生物滤池现场图（a）和原理图（b）

以颗粒状填料及其附着生长的生物膜为主要处理介质，充分发挥生物代谢作用、物理过滤作用、生物膜和填料的物理吸附作用以及反应器内食物链的分级捕食作用，实现污染物在同一单元反应器内的去除，不仅具有生物膜技术优势，同时也起着有效的空间滤池作用。曝气生物滤池借鉴了生物接触氧化反应器和深床过滤的设计原理，省去了二次沉淀设备。BAF 存在的主要问题如下：（1）曝气生物滤池对进水悬浮物要求较高，最好控制在 60mg/L 以下，这样对曝气生物滤池前的处理工艺提出较高要求。（2）曝气生物滤池水头损失较大，由于停留时间短，硝化不充分，产泥量较大，污泥稳定性较差，进一步处理困难。（3）除磷效果一般，需加化学除磷。（4）缺少选择性能高、成本低的滤料，没有统一的滤料标准体系。

3.6.2.2 膜分离法

膜分离技术是以高分子分离膜为代表的一种新型的流体分离单元操作技术。它的最大特点是分离过程中不伴随有相的变化，仅靠一定的压力作为驱动力就能获得很高的分离效果，是一种非常节省能源的分离技术。微滤可以除去细菌、病毒和寄生生物等，还可以降低水中的磷酸盐含量。超滤用于去除大分子，对二级出水的 COD 和 BOD 去除率大于 50%。反渗透用于降低矿化度和去除总溶解固体，对二级出水的脱盐率达到 90% 以上，COD_{Cr} 和 BOD_5 的去除率在 85% 左右，细菌去除率 90% 以上。纳滤介于反渗透和超滤之间，纳滤膜的一个显著特点是具有离子选择性，它对二价离子的去除率高达 95% 以上，一价离子的去除率较低，为 40%~80%。我国的膜技术在深度处理领域的应用与世界先进水平尚有较大差距。今后的研究重点是开发、制造高强度、长寿命、抗污染、高通量的膜材料，着重解决膜污染、浓差极化及清洗等关键问题。

3.6.2.3 物理化学与生物组合方法

由于污水处理厂生物二级出水中有的污染物含量仍然很高、成分也比较复杂，因此在深度处理的过程中，无论是单独物理化学法，还是单独生物法都很难使出水达到国家回用水标准。组合工艺则不仅可充分利用各工艺自身的优点，而且能发挥不同工艺协同合作，达到处理目的，可节省运行成本。混凝沉淀工艺与曝气生物滤池工艺组合，在混凝沉淀阶段可将 SS、有机物去除一部分，减少了 SS 对曝气生物滤池的堵塞，提高反冲洗周期时间，减低滤池的负荷，增加滤池的工作效率，改善出水水质，并且由于两极屏障，混凝沉淀无须将污水直接处理达标，可减少混凝剂的投加量，节省药剂费用。氧化工艺与曝气生物滤池工艺组合，前阶段工艺利用氧化性强的氧化剂改善水质的结构，将不利于生物利用的大分子有机物转化为有利于生物利用的小分子有机物，有助于加强下一阶段的生物处理，处理的效果和运行成本远优于两种工艺单独处理之和。选择不同的氧化剂处理效果也会有较大差异，主要是由于氧化剂的氧化强度不同，对水中污染物的结构改变影响不同，对深度处理的改善程度也就不同。

3.7 中水回用技术

中水回用处理技术的目的是通过必要的水处理方法去除水中的杂质，使之符合中水回用水质标准。处理的方法应根据中水的水源和用水对象对水质的要求确定。常用的方法有物理法、化学反应法、生物法，为了达到某一目的，往往是几种方法结合使用。物理化学处理法以混凝沉淀（气浮）技术及活性炭吸附相结合为基本方式，提高中水回用的出水水质，但运行费用较高；中水回用的膜处理技术一般采用超滤（微滤）或反渗透膜处理，其优点是 SS 去除率很高，占地面积少等。

3.7.1 混凝技术

3.7.1.1 机械搅拌澄清池

机械搅拌澄清池利用机械使水提升和搅拌，促使泥渣循环，并使水中固体杂质与已形成的泥渣接触絮凝而分离沉淀的水池。

机械搅拌澄清池的混合室和反应室合二为一，其构造如图 3-23 所示，即原水直接进入第一反应室中，在这里由于搅拌器叶片及涡轮的搅拌提升，使进水、药剂和大量回流泥渣快速接触混合，在第一反应室完成机械反应，并与回流泥渣中原有的泥渣再度碰撞吸附，形成较大的絮粒，被涡轮提升到第二反应室中，再经折流到澄清区进行分离，清水上升由集水槽引出，泥渣在澄清区下部回流到第一反应室，由刮泥机刮集到泥斗，通过池底排泥阀控制排出，达到原水澄清分离的效果。

特点：机械搅拌澄清池具有处理效率高，运行较稳定，并且对原水浊度、温

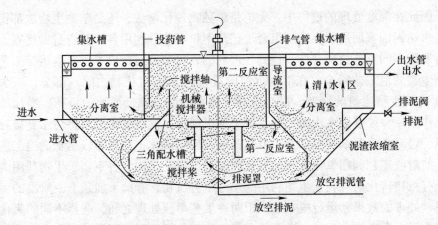

图 3-23 机械搅拌澄清池构造图

度和处理水量的变化适应性较强等特点。它与其他形式的澄清池比较,机械设备的日常管理和维修工作量较大。

3.7.1.2 水利循环澄清池

水利循环(搅拌)澄清池也属于泥渣循环分离型澄清池。其示意图如图 3-24 所示。它利用进水本身的动能,在水射器中,由于高速射流形成的负压,将数倍于原水的沉淀泥渣吸入喉管,并在其中使之与原水以及加入原水中的药剂,进行剧烈而均匀的瞬间混合(混合时间仅 1s 左右),从而大大增强了悬浮颗粒的接触碰撞。由于回流泥渣中的絮凝体具有较大的吸附原水中悬浮颗粒的能力,因

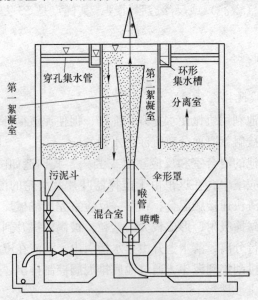

图 3-24 水利循环澄清池示意图

而在反应室能迅速结成良好的团绒体进入分离室。在分离室内，分离后的清水向上溢流出水，沉下的泥渣，除部分通过污泥浓缩室排出以保持泥渣平衡外，大部分泥渣被水射器再度吸入进行循环。水力循环澄清池能最大限度地利用回流泥渣的吸附能力，它的结构简单，不需要复杂的机电设备，与机械搅拌澄清池相比，它的第一反应室和第二反应室的容积较小，反应时间较短。同时，由于进水量和进水压力的变动，会造成泥渣回流量的变化，从而在一定程度上影响了净水过程的稳定性。

特点：水利循环（搅拌）澄清池由于絮凝不够充分，故对水质、水温适应能力较差，一般适用于进水浊度小于500NTU，短时间内允许到2000NTU。虽然水力循环澄清池构造较简单、维修工作量小，但它要消耗较大的水头，故目前在国内已应用较少。水力循环澄清池的单池处理量一般较小，故通常适用于中、小型水厂。

3.7.2 沉淀技术

斜管沉淀池和斜板沉淀池为典型的浅层沉淀，是中水回用处理中常用的沉淀技术。其沉降距离仅为30~200mm。斜板沉淀池中的水流方向可以布置成侧向流（水流与沉泥方向垂直）、上向流（水流与沉泥方向相反）和同向流（水流与沉泥方向相同），上向流又称异向流。斜板与斜管沉淀池现场图如图3-25所示。

图3-25 斜板（管）沉淀池现场图

3.7.2.1 斜管沉淀池

目前应用较多的为异向流斜管沉淀池。斜管沉淀池的主要优点是沉淀效率高，因而水池体积小，占地面积少，处理同样水量时其沉淀部分面积仅为平流沉淀池的1/3左右。斜管沉淀池的主要缺点是需要耗用较多的斜管材料，且老化后需定期更换，增加运行费用；对原水水质变化的适应性较差；排泥机械的布置较困难。斜管沉淀池较适宜于水厂占地受限制以及地形、地质复杂的场合，也适用于原有沉淀池为增加水量而作的改造。对于低温地区，斜管沉淀池可减少保温建筑的费用。斜管沉淀池的单池处理水量不宜过大，一般以不超过$1 \times 10^5 \mathrm{m}^3/\mathrm{d}$

为宜。

3.7.2.2 斜板沉淀池

目前国内应用的斜板沉淀池主要有：侧向流斜板沉淀池、侧向流带翼斜板沉淀池和同向流斜板沉淀池。与斜管沉淀池相比，斜板沉淀池的应用相对较少。斜板沉淀池的优缺点及适用范围大致与斜管沉淀池相仿。

3.7.3 离子交换技术

离子交换树脂（图3-26）是一种具有网状立体结构、且不溶于酸、碱和有机溶剂的固体高分子化合物。离子交换树脂的单元结构由两部分组成：一部分是不可移动且具有立体结构的网络骨架，另一部分是可移动的活性离子。活性离子可在网络骨架和溶液间自由迁移，当树脂处在溶液中时，其上的活性离子可与溶液中的同性离子产生交换过程，这种交换是等当量进行的。如果树脂释放的是活性阳离子，它就能和溶液中的阳离子发生交换，称阳离子交换树脂；如果释放的是活性阴离子，它就能交换溶液中的阴离子，称阴离子交换树脂。

离子交换树脂已在不同领域广泛应用。离子交换法是利用树脂的特点将水中的污染物质通过 H^+ 或 OH^- 的交换吸附在树脂上，达到对污染物的去除目的。

a   b

图3-26　离子交换树脂（a）和离子交换树脂交换器（b）

3.8 消　毒

饮用水消毒是最基本的处理工艺之一，饮用水消毒在预防和控制传染病中起着重要作用。目前引用水消毒大体分为物理方法和化学方法。物理方法主要包括加热、冷冻、辐照、紫外线和微波消毒等。化学方法一般是应用化学消毒剂（如氯、臭氧、溴、碘、高锰酸钾等）进行消毒。就我国目前的情况来看，现在采用最多的是氯化法消毒。国外目前采用较多的是臭氧消毒、紫外线消毒等方法。

3.8.1 UV 消毒

UV（紫外光）是一种特殊的电磁波，波长范围在 10～400nm，具有杀菌能力。UV 辐射属于物理消毒，其对细胞的伤害并使之失去活力的主要机理是破坏 DNA 的结构和功能，当 DNA 特定碱基对内的电子吸收 UV 光子后导致邻近的嘧啶核碱发生二聚作用，直接破坏 DNA 的内部结构，从而使其失去复制能力，如果出现严重的损害最终会导致细胞死亡。

紫外光还能驱动水中各种物质的反应，产生大量的羟基自由基，还可以引起光致电离作用，这些物质和作用都能导致细胞的死亡，从而达到消毒杀菌的目的。

紫外光杀毒过程不在水中引进新的杂质，水的物化性质基本不变，水的化学组成和温度变化一般不会影响杀毒效果；不另增加水中的嗅、味，不产生消毒副产物，杀毒范围广而迅速，处理时间短，可以杀灭氯消毒无法灭活的病毒；设备构造简单，运行管理方便。

但采用紫外消毒前，水必须进行前处理，因为紫外线会被水中的许多物质吸收，如酚类、芳香化合物等有机物，某些无机物、生物和浊度；紫外光没有持续的消毒能力，并且可能存在微生物的光复活问题。最好用在处理水能立即使用的场合、管路没有二次污染和原生生物稳定性较好的情况；紫外消毒不宜做到在整个处理空间内辐射均匀，有照射的阴影区；没有容易检测的残余性质，处理效果不易迅速确定，难以监测处理强度。常见的紫外消毒灯和紫外管道消毒如图 3-27 所示。

图 3-27　紫外消毒灯（a）和紫外管道消毒（b）

3.8.2 氯消毒

氯气略溶于水，有很大的氧化能力，10℃时最大溶解度为 1%，实际上氯气溶于水中后会发生迅速的水解反应而生成次氯酸。在 pH 值大于 3，总氯浓度低于 1000mg/L 时，水中 Cl_2 分子很少，约占 1%。氯的水解会降低水的碱度并使 pH 值有所降低。在不同 pH 值的水中 HOCl 和 ClO^- 所占比例不同，它们的总和则保持一定值。一般认为，Cl_2、HOCl 和 ClO^- 都有氧化能力，但有研究指出，HOCl 的杀菌能力比 ClO^- 强得多，这是因为 HOCl 是中性分子，可以扩散到带负电的细菌表面，并穿过细胞膜渗入细胞体内，氯原子的氧化作用破坏了细菌体内的酶而使细菌死亡；然而 ClO^- 带负电，难以靠近带负电的细菌，所以虽有氧化作用，却难以起到消毒作用。

3.8.3 氯盐消毒

3.8.3.1 次氯酸钠消毒

次氯酸钠（NaOCl）在酸性和碱性溶液中都能保持强氧化性，次氯酸钠的消毒也是依靠 HOCl 的氧化作用，对细菌和病毒进行氧化，次氯酸钠杀毒最主要的作用方式是通过它的水解形成次氯酸，次氯酸再进一步分解形成新生态氧 [O]，新生态氧的极强氧化性使菌体和病毒上的蛋白质等物质变性，从而致死病源微生物。根据化学测定，$\mu g/g$ 级浓度的次氯酸钠在水里几乎是完全水解成次氯酸，其效率高于 99.99%。其过程可用化学方程式简单表示如下：

$$NaClO + H_2O \longrightarrow HClO + NaOH \tag{3-1}$$

$$HClO \longrightarrow HCl + [O] \tag{3-2}$$

其次，次氯酸在杀菌、杀病毒过程中，不仅可作用于细胞壁、病毒外壳，而且因次氯酸分子小，不带电荷，还可渗透入菌（病毒）体内，与菌（病毒）体蛋白、核酸和酶等有机高分子发生氧化反应，从而杀死病原微生物。同时，次氯酸产生出的氯离子还能显著改变细菌和病毒体的渗透压，使其细胞丧失活性而死亡。

总的来说，次氯酸钠消毒具有持续消毒作用，有成套的设备，只要有电源和食盐就能使用，不受其他条件限制；可就地产生次氯酸钠溶液，安全方便，产品规格齐全，适合水量范围广。但是次氯酸钠分解的特性决定它不宜大量贮存，设备维护复杂，运行成本较高。

3.8.3.2 氯胺消毒

氯胺主要是一氯胺用于给水处理。在水中加氯后生成的次氯酸能与加入的氨（NH_3）作用生成氯胺（一氯胺 NH_2Cl、二氯胺 $NHCl_2$ 和三氯胺 $NHCl_3$），此反应可逆进行，达到杀菌氧化作用，适合对受到有机物污染的水质消毒处理。

由于氯胺可以避免或减缓水中一些有机污染物发生氯化反应，因此氯胺消毒一般很少产生三卤甲烷（THMS）和卤乙酸（HAAs），产生致癌致突变的化合物也比较少；氯胺的稳定性好，在管网中的持续时间长，可以有效控制管网中的有害微生物的繁殖和生物膜的形成，杀菌持久性强，更可以保证管网余氯量的要求；氯氨消毒是由缓慢释放出的 HClO 发生作用，故氧化能力相对比较弱，可以大大减缓液氯消毒残留的臭味；氯胺消毒对供水管网的腐蚀性比较小，因此，氯胺消毒应用于管网较长、供水区域较大的情况时，优势更明显。

尽管氯胺消毒存在一系列优点，使越来越多被用于水厂消毒中，但也有一定的局限性。氯胺消毒是通过缓慢释放的 HClO 作用的，其消毒的持久力比较强，但是消毒能力比较弱，杀菌作用不及自由氯；对细菌、原生动物和病毒的灭活能力弱，增加了病原体传播的危险；除此外如果控制不好投加量，会激活水中的氨氧化细菌，而使其转化成亚硝酸盐和氨氮，从而使出水中亚硝酸盐和氨氮超标。

3.8.4　臭氧消毒

臭氧（O_3）作为消毒剂始于 1893 年，O_3 是最活泼的氧化剂之一，用臭氧消毒可对微生物、病毒、细菌芽孢等均具有较强的杀灭作用，消毒效果好，接触时间短，能去色及明显改善水的气味和味道，并且能去除铁、锰等物质。后来有研究表明，使用臭氧作为消毒剂能有效杀灭水中的惰性有害有机体，尤其是隐孢子虫属等，并且不会产生含氯消毒副产物，如 THMs；但臭氧在水中不稳定，不能对水产生持续的消毒作用，而且设备复杂，管理麻烦，制水成本高，因此，臭氧消毒法在一些地区的应用受到了一定的限制。

某再生水厂处理工艺

该污水再生水厂处理量为 8t/d，采用超滤膜处理，臭氧氧化处理工艺，处理后的水主要用于景观用水。其工艺流程如图 3-28 所示。

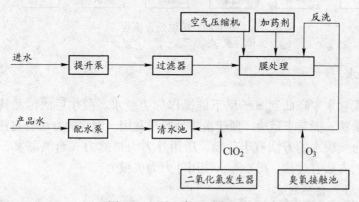

图 3-28　再生水厂工艺流程

该再生水厂采用的是 ZW—1000 型超滤膜，是国内目前最大规模的超滤膜再生水厂。ZW—1000 型超滤膜采用的是由外而内的流动方式，经由孔径为 0.02μm 的中空纤维膜进行过滤。这种微小的孔径几乎可以去除水中所有的悬浮或胶状颗粒物，包括贾第鞭毛虫和隐形孢子虫。ZeeWeed（R）超滤膜甚至可以除去相当一部分的自由悬浮和附着在漂浮物上的病毒。ZeeWeed（R）1000 系列超滤膜对贾第鞭毛虫和隐形孢子虫的去除率大于 99.99%，对病毒也有接近 99.95%的去除率。

当处理过的水进入再生水厂时，首先经由提升泵提升，进入过滤器进行初步过滤，然后进入膜滤池进行处理。每个膜池含有 9 个膜箱，一个膜的日处理量为 8000m³，膜系统的设计产水量为 80000m³/d，系统的设计回收率为 91.5%，膜处理系统共有 6 列膜池。经过膜处理的水色度仍显黄，因此还经过碳滤池进行活性炭吸附，向水中通入臭氧，加氯消毒处理，得到清澈的再生水。再生水储于清水池内，由配水泵输往各用水点。

3.9　污泥处理系统

污泥处理是污水处理的重要组成部分。对于以活性污泥法为主的城镇污水处理厂，污泥处理系统的建设投资约占污水处理厂总投资的 20%~40%，污泥处理运营费用约占污水处理厂总费用的 20%~30%，而污泥处理的投资和运营费用与选择的工艺密切相关。

污泥处理的主要目的是减少污泥量并使其稳定，便于污泥的运输和最终处置。以活性污泥法为主的城镇污水二级处理厂污泥处置典型流程如图 3-29 所示。

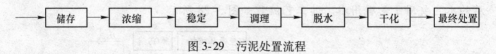

图 3-29　污泥处置流程

3.9.1　脱水

将污泥含水率降低到 80%以下的操作称为脱水。脱水后的污泥具有固体特性，呈泥块状，能装车运输，便于最终处置与利用。脱水的方法有自然脱水和机械脱水。自然脱水的方法有干化场，所用外力为自然力（自然蒸发、渗透等）；机械脱水的方法有过滤、离心等，使用外力为机械力。

3.9.1.1　自然脱水

利用自然力（蒸发、渗透等）对污泥进行脱水的方法称之为自然脱水。自然脱水的构筑物称为污泥干化场（图 3-30），一块用土堤围绕和分隔的平地，如果土壤的透水性差，可铺薄层的碎石和砂子，并设排水暗管。污泥干化场的脱水包括上部蒸发、底部渗透、中部放泄等多种自然过程，依靠下渗和蒸发降低流放到场上的污泥的含水量。下渗过程经 2~3d 完成，可使含水率降低到 85%左右。

此后主要依靠蒸发，数周后可降到75%左右。污泥干化场的脱水效果，受当地降雨量、蒸发量、气温、湿度等的影响。一般适宜于在干燥、少雨、沙质土壤地区采用。

污泥干化场的特点是简单易行、污泥含水率低，缺点是占地面积大、卫生条件差、铲运干污泥的劳动强度大。

图 3-30　现代污泥干化车间

3.9.1.2　机械脱水

利用机械力对污泥进行脱水的方法称之为机械脱水。机械力的种类有压力、真空吸力、离心力等，对应的脱水方式称之为过滤脱水和离心脱水。

A　过滤脱水

过滤脱水是在外力（压力或真空）作用下，污水中的水分透过滤布或滤网，固体被截留，从而达到对污泥脱水的过程。分离的污泥水送回污水处理设备进行重新处理，截留的固体以泥饼的形式剥落后运走。过滤脱水的方法有真空过滤和压力过滤。常用的过滤脱水设备有带式压滤机、板框式压滤机。实物图见图3-31。

a　　　　　　　　　　　　　　　b

图 3-31　污泥带式压滤机（a）和污泥板框压滤机（b）

B 离心脱水

利用离心力的作用对污泥脱水的过程称为离心脱水。离心法是借污泥中固、液比重差所产生的不同离心倾向达到泥水分离。离心脱水的设备称为离心机。污泥通过中空轴连续进入桶内，由转筒带动污泥高速旋转，在离心力作用下，向桶壁运动，达到泥水分离。经离心机脱水的污泥特性按初次沉淀池污泥、消化后的初沉污泥、混合污泥、消化后的混合污泥顺序，其含水率相应可降至 65%~75%（前两者）和 76%~82%（后两者）；固体回收率为 85%~95%（前两者）及 50%~80% 和 50%~70%。若加调理剂，四种污泥的回收率可高达 95%。

离心机的优点是设备小、效率高、分离能力强、操作条件好（密封、无气味）；缺点是制造工艺要求高、设备易磨损、对污泥的预处理要求高，而且必须使用高分子聚合电解质作为调理剂。

3.9.2 发酵

污泥发酵的目的是去除或减少其中的有机物，加速有机物的分解，使之变成稳定的无机物或不易被微生物降解的有机物。常用方法为好氧消化和厌氧消化。

3.9.2.1 好氧消化

好氧消化是指对二级处理的剩余污泥或一、二级处理的混合物进行持续曝气，促使其中的生物细胞或构成 BOD 的有机固体分解，从而降低其 VSS 量。在好氧氧化过程中，污泥中的有机物被好氧氧化为 CO_2、NH_3 和 H_2O，以细胞（$C_5H_7NO_2$）为例，其氧化作用可用下式表示：

$$C_5H_7NO_2+5O_2\longrightarrow 5CO_2+NH_3+2H_2O \qquad (3-3)$$

污泥好氧消化的主要目的是减少污泥中有机固体的含量，细胞的分解速率随污泥中 F/M 的增加而降低，通常初沉污泥的溶解态有机物含量高，因而其好氧消化作用慢。

好氧消化的构筑物为好氧消化池，消化池的需氧量较小。由于消化池中污泥固体的停留时间较长，消化池内可形成大量的硝化菌，细胞氧化分解产生的 NH_3 被完全消化，出水中含有大量的硝酸盐，因此在含有生物脱氮处理系统的污水处理厂中，好氧消化池及后续处理系统排出的上清液和滤液应直接返回脱氮系统的反消化段。

3.9.2.2 厌氧消化

污泥厌氧消化，即污泥中的有机物在无氧的条件下被厌氧菌群最终分解成甲烷和 CO_2 的过程，是一个极其复杂的过程，一般分为三个阶段：第一阶段为水解酸化阶段。在该阶段，复杂的有机物在厌氧菌胞外酶的作用下水解为简单的有机物，这些简单的有机物在产酸菌的作用下经过厌氧发酵和氧化转化成乙酸、丙酸、丁酸等脂肪酸和醇类等；第二阶段为产氢产乙酸阶段，在产氢产乙酸菌的作用下，把第一阶段除了乙酸、甲烷、甲酸之外的产物转化成氢和乙酸等，并有 CO_2 产生；第三阶段为产甲烷阶段，产甲烷菌把第一和第二阶段产生的乙酸、H_2O 和 CO_2 等转化为甲烷。常见的厌氧消化罐如图 3-32 所示。

a   b

图 3-32　卵型厌氧消化罐（a）圆柱形厌氧消化罐（b）

与厌氧消化相比，好氧消化效率高、消化液中 COD 含量低、无异味，且系统简单易于控制；缺点是能耗较大，污泥经长时间曝气会使污泥指数增大而难以浓缩。因此好氧消化多用于污泥量较小的场合。

3.9.3　污泥堆肥

污泥堆肥利用自然界广泛存在的细菌、放线菌、真菌等微生物群落在特定的环境中对多相有机物分解，将污泥改良成稳定的腐殖质，用于肥田或土壤改良。堆肥技术在实际应用中可以达到"无害化""减量化""资源化"的效果，并且具有经济、实用、不需要外加能源、不产生二次污染等特点。堆肥化过程有好氧堆肥和厌氧堆肥两种，目前污泥堆肥化基本上采用的是好氧堆肥。好氧堆肥过程由 4 个阶段组成，即升温阶段、高温阶段、降温阶段和腐熟阶段。每个阶段都存在不同的细菌、放线菌、真菌和原生动物。它们利用各阶段的产物作为食物和能量来源，一直进行到稳定的腐殖质物质形成为止。堆肥的一般流程如下：废弃物→前处理→一次发酵→二次发酵→后处理→产品。污泥堆肥场现场图如图 3-33 所示。

目前常用的堆肥技术有很多种，分类也很复杂。按照有无发酵装置可分为开放式堆肥系统和发酵仓堆肥系统。根据堆肥技术的复杂程度以及使用情况，主要有条垛式、静态垛式和反应器 3 大类堆肥系统，其中条垛式堆肥主要通过人工或机械的定期翻堆配合自然通风来维持堆体中的有氧状态；与条垛式堆肥相比，静态堆肥过程中不进行物料的翻堆更能有效地确保堆体达到高温和病原菌灭活，堆肥周期缩短；反应器堆肥则在一个或几个容器中进行，通气和水分条件得到了更

图 3-33　污泥堆肥场

好的控制。国内外正在研究开发的污泥好氧发酵堆肥技术都是采用进料、搅拌、通气、出料同时进行的高效发酵工艺装置。

3.9.4　污泥焚烧

污泥焚烧是利用焚烧炉将脱水污泥加温干燥，再用高温氧化污泥中的有机物，使污泥成为少量灰烬的过程。污泥焚烧技术是最彻底的污泥处理方法，它能使有机物全部碳化，有效杀死病原体，最大限度地减少污泥体积，而且占地面积小，自动化水平高，不受外界条件影响。污泥焚烧可分为直接焚烧和混合焚烧两种类型。直接焚烧是利用污泥本身有机物所含有的热值，将污泥经过脱水等处理后添加少量的助燃剂送入焚烧炉进行燃烧；混合焚烧是将污泥与煤或可燃固体废物等混合燃烧，用于发电、制砖等。

焚烧可以大大减少污泥的体积和质量（焚烧后体积可减少 90% 以上），因而最终需要处理的物质很少，不存在重金属离子的问题，是相对比较安全的一种污泥处置方式；污泥处理的速度快，占地面积小，不需要长期储存；污泥可就地焚烧，不需要长距离运输；可以回收能量用于供热或发电；采用先进的焚烧设备可实现很低的二次污染等。污泥焚烧是最彻底的污泥处理方式，在欧洲、美国、日本等发达国家应用较多，它以处理速度快、减量化程度高、能源再利用等突出特点而著称。

3.9.5　卫生填埋

污泥填埋分为单独填埋和混合填埋，污泥单独填埋可分为三种类型：沟填（Trench）、平面填埋（Area Fill）、筑堤填埋（Diked Containment）。填埋方法的选择取决于填埋场地的特性和污泥含固率。

3.9.5.1　沟填

沟填就是将污泥挖沟填埋，沟填要求填埋场地具有较厚的土层和较深的地下水位，以保证填埋开挖的深度，并同时保留有足够多的缓冲区。沟填的需土量相对较少，开挖出来的土壤能够满足污泥日覆盖土的用量。沟填分为两种类型：宽度大于3m的为宽沟填埋，小于3m的为窄沟填埋。窄沟填埋中，机械在地表面上操作，可用于含固率相对较低的污泥填埋；窄沟填埋因其沟槽太小，不可能铺设防渗和排水衬层，一般适用于地势较陡的地方；由于填埋设备必须在未经扰动的原状土上工作，因此窄沟填埋的土地利用率不高。宽沟填埋中，机械可在地表面上或沟槽内操作，地面上操作时，所填污泥的含固率要求为20%~28%，沟槽内操作时，含固率要求大于28%；与窄沟填埋相比的优点为可铺设防渗和排水衬层。沟槽的长度和深度根据填埋场地的具体情况，如地下水和基岩的深度、边坡的稳定性以及挖沟机械的能力所决定。

3.9.5.2　平面式填埋

平面式填埋是将污泥堆放在地表面上，再覆盖一层泥土，因不需要挖掘操作，此方法用于地下水位较浅或土层较薄的场地。由于没有沟槽的支撑，操作机械在填埋表层操作，因此填埋物料必须具有足够的承载力和稳定性，对污泥单独进行填埋往往达不到上述要求，所以一般需要将污泥进行一定的预处理后填埋。平面填埋可分为土墩式和分层式两种。

3.9.5.3　筑堤填埋

筑堤填埋是指在填埋场地四周建有堤坝，或是利用天然地形（如山谷）对污泥进行填埋，污泥通常由堤坝或山顶向下卸入，因此堤坝上需具备一定的运输通道。筑堤填埋对填埋物料含固率的要求与宽沟填埋相类似。地面上操作时，含固率要求为20%~28%，堤坝内操作时，含固率要求大于28%。由于筑堤填埋的污泥层厚度大，填埋面汇水面积也大，产生渗滤液的量亦较大，因此，必须铺设衬层和设置渗滤液收集和处理系统。

3.9.5.4　混合式填埋

国外将污泥与城市生活垃圾或泥土混合填埋。与生活垃圾混合填埋是将污泥撒布在城市垃圾上面，混合均匀后铺放于填埋场内，压实覆土。污泥含固率通常要求在20%以上。研究表明，污泥的加入，使填埋场产气量增加，垃圾稳定化过程明显加快。但我国很多填埋场的实践证明，因垃圾含水率高，污泥与垃圾混合填埋的方式较难实施。

思　考　题

3-1　为什么进行废水的预处理？预处理的设施都有哪些？

3-2　沉淀池的分类都有哪些？并简述各自的优缺点。

3-3　活性污泥法的基本工艺流程是什么？采用活性污泥法的工艺都有哪些？请结合实例具体说明。

3-4　简述生物膜法的处理原理，以及采用此方法的工艺类型。

3-5　常用的污水深度处理的方法技术有哪些？并简述各自的特点。

3-6　常用的中水回用技术都有哪些？

3-7　列举至少三种常用的消毒技术，并进行对比。

3-8　污泥处置流程是什么？处置方法都有哪些？

3-9　假设你所在地区内的河流受到严重污染，请设计治理污染的工艺流程。

参 考 文 献

[1]　张自杰．环境工程手册：水污染防治卷［M］．北京：高等教育出版社，1996.

[2]　张自杰．排水工程［M］.4 版．北京：中国建筑工业出版社，2000.

[3]　北京市市政工程设计研究总院．给排水设计手册［M］.2 版．北京：中国建筑工业出版社，2004.

[4]　高廷耀，顾国维，周琪．水污染控制工程［M］.3 版．高等教育出版社，2007.

[5]　韩剑宏．水工艺处理技术与设计［M］．北京：化学工业出版社，2007.

[6]　刘善东，钟辉，邹贤，等．活性污泥法处理生活废水介绍及其展望［J］．环保科技，2016，47（1）：39~41.

[7]　于佳馨，吴凡杰，杨小亮．废水处理中活性污泥法应用探析［J］．绿色科技，2016（2）：66~67.

[8]　赵小菲．城市污水处理工艺研究与应用现状［J］．辽宁化工，2016，45（10）：1338~1340.

[9]　杨威．水源污染与饮用水处理技术［M］．哈尔滨：哈尔滨地图出版社，2006.

[10]　刘宏远，张燕．饮用水强化处理技术及工程实例［M］．北京：化学工业出版社，2005.

[11]　王占生，刘文君．微污染水源饮用水处理［M］．北京：中国建筑工业出版社，1999.

[12]　吴一蘩，高乃云，乐林生．饮用水消毒技术［M］．北京：化学工业出版社，2006.

[13]　张林生．水的深度处理与回用技术［M］．北京：化学工业出版社，2004.

[14]　曹伟华，孙晓杰，赵由才．污泥处理与资源化应用实例［M］．北京：冶金工业出版社，2010.

[15]　住房和城乡建设部标准定额研究所．城镇建设常用信息技术标准汇编［M］．北京：中国标准出版社，2010.

[16]　蒋展鹏．环境工程学［M］．北京：高等教育出版社，2005.

[17]　蒋展鹏，杨宏伟．环境工程学［M］．北京：高等教育出版社，2013.

[18]　李姝娟，李洪远．国内外污泥堆肥化技术研究［J］．环球视角，2011，42（3）：42~44.

[19]　周旭红，郑卫星，祝坚，等．污泥焚烧技术的研究进展［J］．能源环境保护，2008，22（4）：5~9.

[20]　秦翠娟，李红军，钟学进．污泥焚烧技术的比较分析［J］．能源与环境，2011，52（5）：52~56.

[21]　赵辉，薛科社．饮用水消毒方式与消毒副产物分析［J］．地下水，2011，33（4）：177~178.

[22]　邹华生，吕雪营．饮用水消毒技术的研究进展［J］．工业水处理，2016，36（6）：17~20.

[23]　袁金霞，邢敏佳．中水回用技术探讨［J］．污染防治技术，2009，22（3）：17~29.

4 大气污染治理技术

+-+

实习目的

    通过实习，初步了解有关大气污染控制的法规、标准和控制措施，了解防治大气污染的基本理论、主要设备和典型工艺的选型、设计、运行与管理。掌握不同除尘工艺、脱硫脱硝工艺的技术原理以及主体结构。同时，在相关人士的讲解下，了解工厂选择相应工艺的原因，尝试进行工艺比选，并对工厂防控措施存在的问题进行分析。在提出问题与解决问题的过程中，激发学生主动学习大气污染技术的兴趣，同时加深对已学知识的牢固性，争取为我国大气污染控制方面提出建设性的意见。

实习内容

    （1）掌握电厂锅炉补给水处理生产工艺过程（流程），以及各处理单元的处理性能和指标。

    （2）掌握大气烟气脱硫脱硝处理的技术分类、工作原理、主体设备内部结构及特点，了解技术性能指标。

    （3）掌握不同种除尘工艺的工作原理、主要除尘设备的内部结构、特点以及技术性能指标。

    （4）掌握二氧化碳捕集处理的工艺原理、主体处理设备的内部结构及特点，了解技术性能指标。

    我国乃至世界最常用的燃料是煤、石油等化石燃料，由于燃料内部含有氮、硫等物质，燃烧后会产生相应的氧化物，而这些物质是酸雨、光化学烟雾、温室效应等大气污染形成的主要组成部分，燃烧后的烟气也会携带大量粉尘颗粒，若直接排放会造成一系列的环境污染问题，因此，燃烧后的烟气要经过相关的处理之后才能排放到大气中，减少对环境的污染。除此之外，由于风吹、机械的移动导致的煤尘、矿尘等粉尘的扬起，形成空气扬尘，也是空气颗粒污染物的主要来源之一。

+-+

京津冀一体化

    京津冀一体化由首都经济圈的概念发展而来，包括北京市，天津市以及河北省的保定、唐山、廊坊、石家庄、邢台、邯郸、衡水、沧州、秦皇岛、张家口、承德等 11 个地级市。其中北京、天津、保定、廊坊为中部核心功能区。

京津冀三地产业结构不同，大气主要污染源也各不相同。分析显示，北京机动车尾气排放对大气影响较为明显，天津大气污染的"头筹"因素是工业污染，河北对大气影响最严重的则是燃煤消费。正是因为三地污染源差异化明显，一直以来，三地大气治污才各自为政，且各地对污染源排放监管力度不一。但京津冀大气污染向区域蔓延的特性是必须正视的，各自为政带来的政策执行效果往往都难如意。否则最终的结果只能是导致大气环境质量恶化，雾霾现象进一步加重。

据了解，北京市机动车已突破 540 万辆。机动车对 $PM_{2.5}$ 贡献较大，除直接排放细颗粒物外，机动车排放的气态污染物是 $PM_{2.5}$ 中二次有机物和硝酸盐的"原材料"，还对道路扬尘排放起到"搅拌器"的作用。所以加强联防联控治理大气污染成为必然。共同实施区域内燃煤电厂、水泥厂及大型燃煤锅炉脱硝治理工程，推进重点石化企业挥发性有机物综合治理。率先统一实施机动车燃油国五标准，加快新能源车推广应用。发挥中关村技术和产品优势，支持中关村企业参与区域大气污染治理。开展区域联动执法，共同治理重点污染源。

虽然日前国家已出台针对京津冀等重点区域实施的大气污染物特别排放限值标准，但目前河北省内仅有石家庄、保定、唐山和廊坊这四个经济发展相对发达的城市被纳入了实施范围，而一直以来频繁进入全国空气质量相对较差前十城市的衡水、邢台却可以在一定时期内仍执行与区域治理要求不符的较低标准。

4.1 除 尘 技 术

除尘是烟气处理的必要步骤，减少烟气的粉尘含量不但保护环境，而且对后续的气态污染物的处理也是大有好处的。由于生产的需要，实践中采用了多种多样的除尘器，根据除尘过程中是否采用液体进行除尘或清灰，可分为干式除尘器和湿式除尘器。其中常见的湿式除尘器有水膜除尘、喷淋塔、泡沫除尘器和旋风水膜除尘器。常见的干式除尘技术有电除尘技术、机械除尘技术和过滤除尘技术。空气扬尘的去除主要是向易产生扬尘区域喷洒水或抑尘剂。

除尘器的性能用可处理的气体量、气体通过除尘器时的阻力损失和除尘效率来表达。

4.1.1 水膜除尘技术

水除尘器是使含尘气体与液体（一半为水）密切接触，利用水滴和颗粒的惯性碰撞及其他作用捕集颗粒或使颗粒增大的装置。水膜除尘依靠强大的离心力作用把烟尘中的尘粒甩向水膜壁，尘粒被侧壁不断流下的水冲走，从而达到除掉尘粒的效果。

水膜除尘器是由筒体、轻质浮球、喷嘴、除雾器等组成。筒体内下边是栅板，栅板上放置一定数量的小球，球层上边有喷嘴把喷淋液雾化后喷淋到小球表面，上边又有一层小球和喷嘴，最上边是脱水器。筒体是浮球塔的基本构架，一般筒体是由碳钢制成，内衬防腐材料，防腐材料可用耐蚀玻璃钢，也可以用聚丙稀制作筒体，外包一层玻璃钢。

水膜除尘器制造成本相对较低。对于化工、喷漆、喷釉、颜料等行业产生的带有水分、黏性和刺激性气味的灰尘是最理想的除尘方式。因为不仅可除去灰尘，还可利用水除去一部分异味，如果是有害性气体（如少量的二氧化硫、盐酸雾等），可在洗涤液中配制吸收剂吸收。缺点是有洗涤污泥，要解决污泥和污水问题；设备需要选择耐腐蚀材质；动力消耗较大；北方或者寒冷地区需要考虑设备防冻。

4.1.2　机械除尘技术

机械除尘技术指依靠机械力（重力、惯性力、离心力）进行除尘的技术。常见的如图 4-1 所示。

图 4-1　水膜除尘器（a）、重力除尘器（b）和旋风除尘器（c）

4.1.2.1　重力沉降室

重力沉降室是利用粉尘颗粒的重力沉降作用而使粉尘与气体分离的除尘技术，是一种较简易的除尘装置。

主要优点有：（1）结构简单，维护容易；（2）阻力低，约为 100~150Pa，主要是气体的入口和出口的压力损失；（3）投资少，施工速度快，用砖石砌筑，钢材使用少，维护简单，且耐用。缺点：（1）除尘效率较低，一般干式沉降室为 50%~60%，适用捕集粒径大于 40~50μm 的粉尘粒子；（2）设备庞大，适用处理中等气量的常温或高温气体，多作为多级除尘的预除尘使用。

4.1.2.2 惯性除尘器

惯性除尘器是利用气流中粉尘的惯性力大于气体的惯性力而使粉尘与气体分离的除尘技术。

工作原理是在惯性除尘器内，使空气流急速转向，或冲击在挡板上再急速转向，由于尘粒的惯性效应，运动轨迹与气流轨迹不同，从而使其与气流分离。气流速度越高，这种惯性效益就越大，除尘器的体积可以大大减少，占地面积也小，对细颗粒的分离效率也大大提高，可捕集到 $10\mu m$ 的颗粒。惯性除尘器的阻力在 $400 \sim 1200Pa$ 之间。这一类除尘设备适用于捕集粒径大于 $20\mu m$ 的尘粒。由于除尘效率低，一般多用于初净化或配合其他类型除尘器组成复合除尘装置。

在工业锅炉烟气除尘系统中常用的惯性除尘器是百叶式除尘器，具有代表性的结构是锥形百叶式、圆筒形百叶式及平形百叶窗式。

4.1.2.3 旋风除尘器

旋风除尘器是气流在做旋转运动时，气流中的粉尘颗粒会因受离心力的作用从气流中分离出来，利用离心力进行除尘的设备。

工作原理是：旋风除尘器使含尘气体沿切线方向进入装置后，由于离心力的作用将尘粒从气体中分离出来，从而达到烟气净化的目的。旋风除尘器中的气流要反复旋转许多圈，且气流旋转的线速度也很快，因此旋转气流中粒子受到的离心力比重力大得多。

特点：（1）结构简单，器身无运动部件，不需要特殊的附属设备，占地面积小，制造安装投资较少；（2）操作、维护简便，压力损失中等，动力消耗不大，运转、维护费用较低，对于大于 $10\mu m$ 的粉尘有较高的分离效率；（3）操作弹性较大，性能稳定，不受含尘气体的浓度、温度限制；（4）采用干式旋风除尘器，可以捕集干灰，便于综合利用；（5）捕集微细粉尘的效率不高；（6）由于除尘效率随筒体直径增加而降低，因而单个除尘器的处理风量有一定的局限性；（7）处理风量大时，要采用多个旋风子并联，设置不当，对除尘性能有严重影响。

4.1.3 过滤除尘技术

过滤除尘技术是利用多孔介质来进行的，当含尘气流通过多孔介质时，粒子黏附在介质上，而与气体分离。在许多过滤器中，这样沉降下来的粉尘又成为对接踵而至粒子的过滤介质。按照按滤尘方式有内部过滤与外部过滤之分。内部过滤是把松散多孔的滤料填充在框架内作为过滤层，尘粒是在滤层内部被捕集，如颗粒层过滤器就属于这类过滤器。外部过滤使用纤维织物、滤纸等作为滤料，通过滤料的表面捕集尘粒故称外部过滤，这种除尘方式最典型的装置是袋式除尘器（图4-2）。

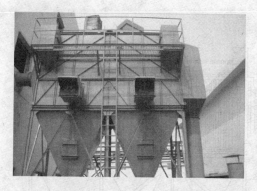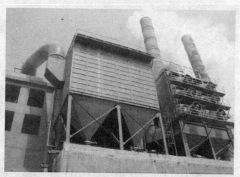

图 4-2 袋式除尘器

袋式除尘器中，含尘气体单向通过滤布，尘粒留在上游或者滤布的含尘气体侧，而净化后的气体通过滤布到下游，接着，尘粒借助于自然的或者机械的方法得以出去，过滤机理主要有截留、惯性沉降、扩散沉降、重力沉降、静电沉降等作用。

袋除尘器优点：（1）除尘效率高，特别是对微细粉尘也有较高的效率，可达99.9%以上；适应性强，可捕集不同性质的粉尘，入口含尘浓度在相当大的范围内变化时，对除尘器效率和阻力影响不大。（2）使用灵活，处理风量可由每小时数百立方米到每小时数十万立方米，可做成直接设于室内、机床附近的小型机组，也可做成大型除尘器室。（3）结构简单，可以因地制宜采用简单的布袋除尘。（4）工作稳定，便于回收干粉尘，没有污泥处理、腐蚀等问题，维护简单。

袋式除尘器缺点：（1）应用范围受滤料的耐温、耐腐蚀性等性能的局限，特别是在耐高温方面；（2）不适宜于黏结性强及吸湿性强的粉尘，特别是烟气温度不能低于露点温度，否则会产生结露，致使滤袋堵塞；（3）处理风量大时，占地面积大。

4.1.4 电除尘技术

静电除尘器（图4-3）是利用静电力（库仑力）将气体中的粉尘或液滴分离出来的除尘设备。其基本工作原理是含尘气体通过高压静电场时，使尘粒荷电，在电场力的作用下，使荷电尘粒沉积在集尘板上，当粉尘沉积到一定厚度后，通过振打将其振落到灰斗内并通过排灰阀将灰排走从而达到除尘的目的。静电除尘器在冶炼、水泥、煤气、电站锅炉、硫酸、造纸等工业中得到了广泛的应用。静电除尘器几乎对各种粉尘、烟雾等，直至极其微小的颗粒都有很高的除尘效率；即使是高温、高压气体也能应用；设备阻力低（200~300Pa），能耗小；维护检修不复杂。

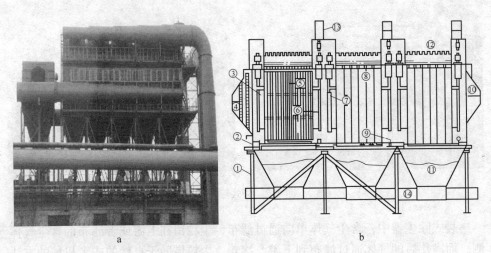

图 4-3　静电除尘器实物图（a）和结构示意图（b）

1—壳体；2—支架（混凝土或钢结构）；3—进风口；4—分布图；5—放电极；
6—放电极振打结构；7—放电极悬挂框架；8—沉淀极；9—沉淀极振打及传动装置；10—出气口；
11—灰斗；12—防雨盖；13—放电极振打传动装置；14—拉链机

4.1.4.1　粉尘荷电

在放电极与集尘极之间施加直流高电压，使放电极发生电晕放电，气体电离，生成大量的自由电子和正离子。在放电极附近的所谓电晕区内正离子立即被电晕极（假定带负电）吸引过去而失去电荷。自由电子随即形成的负离子则受电场力的驱使向集尘极（正极）移动，并充满到两极间的绝大部分空间。含尘气流通过电场空间时，自由电子、负离子与粉尘碰撞并附着其上，便实现了粉尘的荷电。

4.1.4.2　粉尘沉降

荷电粉尘在电场中受库仑力的作用被驱往集尘极，经过一定时间后达到集尘极表面，放出所带电荷而沉集其上。

4.1.4.3　清灰

集尘极表面上的粉尘沉集到一定厚度后，用机械振打等方法将其清除掉，使之落入下部灰斗中。放电极也会附着少量粉尘，隔一定时间也需进行清灰。

某热电厂典型电除尘系统

该热电厂应用的除尘方法是电除尘法，每台锅炉配有两个电除尘器，各分为左右两室，各室有 4 个电场，每个电场 6 块 36 排大 C480 收尘极，形成通道，每通道 12 根阴极丝，51 个通道，上下共 612 根阴极丝。

炉膛出口的烟气首先流经水平烟道及垂直烟道，进入电除尘器进行除尘。每个电场的除尘效率为 79%～82%，经过四个电场后的除尘效率可达 99.2%，国家标准粉尘排放为 50mg/m³，处理后的粉尘量可达 18.5mg/m³，为保证除尘效率，控制烟气在电场内流速为 1.15m/s，烟气温度要低于入口烟气温度 200℃，若入口烟气温度低于 100℃，应停止高压硅整流变压器运行。

4.1.5 扬尘的抑制技术

扬尘是地面上的尘土在风力、人为带动及其他带动飞扬而进入大气的开放性污染源，是环境空气中总悬浮颗粒物的重要组成部分。扬尘能使空气污浊，影响环境；会使人患支气管炎、肺癌等。

扬尘分为：一次扬尘和二次扬尘。在处理散状物料时，由于诱导空气的流动，将粉尘从处理物料中带出，污染局部地带从而形成一次扬尘；由于室内空气流、室内通风造成的流动空气及设备运动部件转动生成的气流，把沉落在设备、地坪，以及建筑构筑上的粉尘再次扬起，称为二次扬尘。

扬尘污染是指泥地裸露，以及在房屋建设施工、道路与管线施工、房屋拆除、物料运输、物料堆放、道路保洁、植物栽种和养护等人为活动中产生粉尘颗粒物，对大气造成的污染。易产生扬尘污染的物料，是指煤炭、砂石、灰土、灰浆、灰膏、建筑垃圾、工程渣土等易产生粉尘颗粒物的物料。

针对扬尘一般可以用抑尘剂和洒水进行抑制。抑尘剂的使用主要针对煤场、矿场等易产生扬尘，并且扬尘量比较大的地方。抑尘剂主要有吸湿性和黏结性两种，吸湿性抑尘剂溶液喷洒在料堆上之后，在表层的一定深度内依靠抑尘剂独特的吸湿、保湿、黏结性能，使其保持一定的水分，增大尘粒的尺寸和质量，达到抑尘的目的；黏结性抑尘剂溶液喷洒在料堆上之后，依靠配方中的成膜单体材料在料堆表面层形成壳膜，填充助剂增强壳膜的强度，吸湿助剂消除壳膜的裂缝，渗透助剂充分发挥喷洒液的效能，在料堆表层形成完整、连续又具足够强度的壳体，使粉尘限制于壳内，避免空气污染，同时具有减少物料流失的作用。洒水降尘是用水湿润沉积于煤堆、岩堆等处的矿尘。当尘粒被水湿润后，尘粒间会互相附着凝集成较大的颗粒，附着性增强，颗粒物就不易飞起形成扬尘。

某热电厂储煤场防尘系统

该热电厂所需的煤，主要由陕西神俯煤田供应，铁路运输。煤炭列车经包神、大包、丰沙大线到电厂铁路专用线接轨站（百子湾车站），再由专用调车机正向牵引进厂。

热电厂装机容量为 700MW，设两个煤场、一台斗轮堆取料机，煤场储量为 12 万吨，可供 21 天的燃烧。该电厂跨度达 120m 的全封闭储煤棚堪称亚洲之最，煤棚可防雨、防风，防粉尘扩散，它有效避免了煤粉露天存放的损耗及扬尘，粉

尘量为 $9{\sim}10mg/m^3$。热电厂储煤棚和取料机如图 4-4 所示。

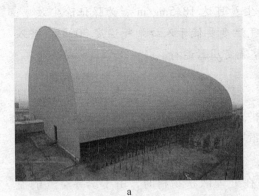

a   b

图 4-4 热电厂储煤棚（a）和取料机（b）实物图

悬臂式斗轮堆取料机设在两个煤场中间，布置方式为折返式，可以完成堆料、取料两种作业方式，从而满足了本厂输煤系统各种运行方式调整的需要。

具有一定压力的水，通过喷枪自带的喷头在一定角度范围内均匀喷向皮带上的煤，水滴落下后湿润煤的表面，使细颗粒煤粉之间通过水分子的张力黏合在一起，也增加了细颗粒煤粉自身的质量，避免风吹起尘。同时还具有加湿、延长煤自燃发火期的作用。

4.2 脱硫技术

含硫化合物在大气中存在的主要形式是 SO_2、H_2S、H_2SO_4 和硫酸盐（SO_4^{2-}），其中 SO_2 的含量占含硫化合物的 80%以上。二氧化硫是酸性氧化物，可以与水和碱反应，也能与氧化剂反应，于是根据脱硫过程是否加入液体和脱硫产物的干湿形态可将烟气脱硫方法分为湿法、半干法和干法。根据脱硫方式的不同可分为物理脱硫、化学脱硫和生物脱硫。

4.2.1 干法脱硫技术

干法烟气脱硫过程无液体介入，完全在干燥状态下进行，脱硫产物为干粉状，工艺简单，投资较低，净化后烟气温度降低很少，利于扩散，无废水排出，但净化效率一般不高。

目前较成熟的干法脱硫方法有干法喷钙、干式氧化法、电子束照射法、脉冲电晕等离子体法等。

4.2.1.1 干法喷钙脱硫

A 工艺流程

干法喷钙脱硫以芬兰 IVO 公司开发的 LIFAC 工艺为代表。

首先,作为固硫剂的石灰石粉料喷入锅炉炉膛中温度为 900~1250℃的区域,$CaCO_3$ 受热分解成 CaO 和 CO_2,热解后生成 CaO 随烟气流动,与其中 SO_2 反应脱除一部分 SO_2。

$$CaO+SO_2+0.5O_2 \longrightarrow CaSO_4 \qquad (4\text{-}1)$$
$$CaO+SO_3 \longrightarrow CaSO_4 \qquad (4\text{-}2)$$

然后,生成的 $CaSO_4$ 和未反应的 CaO 与飞灰一起,随烟气进入锅炉后部的活化反应器。在活化反应器中,通过喷水雾增湿,一部分尚未反应的 CaO 转变成具有较高反应活性的 $Ca(OH)_2$,继续与烟气中的 SO_2 反应,从而完成脱硫的全过程。

$$CaO+H_2O \longrightarrow Ca(OH)_2 \qquad (4\text{-}3)$$
$$Ca(OH)_2+SO_2+0.5O_2 \longrightarrow CaSO_4+H_2O \qquad (4\text{-}4)$$

LIFAC 工艺的副产物为干态的粉末。一部分固体副产物从活化器的底部被分离出来,其余的则在静电除尘器中被收集。静电除尘器和活化器底部收集的灰的一部分被返回到活化器中。

B 特点

干法喷钙脱硫的特点:

(1)经济性好。采用 LIFAC 技术脱除单位总量的 SO_2 的费用很低,这是由于 LIFAC 工艺流程简单,因此降低了总投资费用。为了更进一步降低成本,大部分设备可以在当地制造。LIFAC 工艺采用价格低廉、资源丰富的石灰石作为吸收剂。系统电耗很低。最重要的是,由于工艺简单,因此完全可以由现有的运行人员进行操作。

(2)脱硫效率高。LIFAC 工艺可以脱除烟气中 90%的 SO_2。

(3)副产物十分稳定。LIFAC 工艺的副产品为干粉状,与粉尘一起被除尘装置收集后排出。副产物的组成非常稳定,对环境无害,而且有广泛的商业利用价值。LIFAC 工艺不但不排放废水,而且可以消耗电厂的部分废水,将其注入到反应器中作为增湿水。

(4)适应性良好。LIFAC 工艺占地面积很小,因此非常适合现有电厂的脱硫改造,也可以用在一些空间受到限制的新建电厂的设计中。LIFAC 工艺所需要的施工时间很短,设备可以在通常检修期间很快地安装在现有机组上。

4.2.1.2 电子束照射法脱硫

电子束照射法脱硫脱氮技术是一种物理与化学相结合的高新技术,是在电子加速器的基础上逐渐发展起来的。

A　工艺流程

电子束照射法利用电子加速器产生的高能等离子体氧化烟气中的 SO_2 等气态污染物，经电子束照射，烟气中的 SO_2 接受电子束而强烈氧化，在极短时间内（约十万分之一秒）被氧化成硫酸，这些酸与加入的氨（其量由烟气中的 SO_2 的浓度确定）反应生成 $(NH_4)_2SO_4$ 的微细粉粒，粉粒经捕集器回收作农肥，净化气体经烟囱排入大气。

该工艺由废气冷却、加氨、电子束照射以及粉体捕集这几道工序组成（图4-5）。

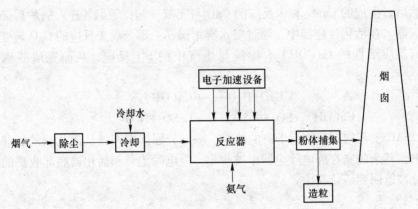

图 4-5　电子束照射法脱硫工艺流程图

B　特点

能同时脱除硫氧化物和氮氧化物，具有进一步满足我国对脱硝要求的潜力；系统简单，操作方便，过程易于控制，对烟气成分和烟气量的变化具有较好的适应性和跟踪性；该工艺为干法脱硫，不产生废水废渣，形成二次污染；副产品可作肥料利用，产生一定经济效益。

且我国目前硫资源缺乏，每年要进口硫黄以制造 $(NH_4)_2SO_4$，该工艺无疑对缓解目前状况有一定的帮助；脱硫效率高，脱硫效率在80%～94%之间。

4.2.2　湿法脱硫技术

湿法脱硫是用溶液或浆液吸收 SO_2，其直接产物也为溶液或浆液的脱硫方法。具有工艺成熟、脱硫效率高、操作简单等优点，但脱硫液处理较麻烦，容易造成二次污染，且脱硫后烟气的温度较低，不利于扩散。

目前较成熟的湿法脱硫工艺有石灰石/石灰法、氨法、钠碱法、金属氧化物法、活性炭吸附法、催化氧化法等。

烟气脱硫工艺中，湿式石灰石/石灰洗涤工艺技术最为成熟，运行最为可靠，应用也最为广泛。

石灰石/石灰-石膏法是采用石灰石或石灰浆液脱除烟气中 SO_2 并副产石膏的脱硫方法。该法开发较早，工艺成熟，Ca/S 比较低，操作简单，吸收剂价廉易得，所得石膏副产品可作为轻质建筑材料。因此，这种工艺应用广泛，国外以日本应用最多。

4.2.2.1 基本原理

该脱硫过程以石灰石或石灰浆液为吸收剂吸收烟气中 SO_2，主要分为吸收和氧化两个步骤。首先生成烟硫酸钙，然后烟硫酸钙再被氧化为硫酸钙，反应如下：

$$CaCO_3 + SO_2 + 0.5H_2O \longrightarrow CaSO_3 \cdot 0.5H_2O + CO_2 \tag{4-5}$$

$$Ca(OH)_2 + SO_2 \longrightarrow CaSO_3 \cdot 0.5H_2O + 0.5H_2O \tag{4-6}$$

$$CaSO_3 \cdot 0.5H_2O + SO_2 + 0.5H_2O \longrightarrow Ca(HSO_3)_2 \tag{4-7}$$

$$2CaSO_3 \cdot H_2O + O_2 + 3H_2O \longrightarrow 2CaSO_4 \cdot 4H_2O \tag{4-8}$$

$$Ca(HSO_3)_2 + O_2 + 2H_2O \longrightarrow CaSO_4 \cdot 2H_2O + H_2SO_4 \tag{4-9}$$

吸收塔内由于氧化副反应生成溶解度很低的石膏，很容易在吸收塔内沉积下来造成结垢和堵塞。溶液的 pH 值越低，氧化副反应越容易进行。

4.2.2.2 工艺流程及设备

石灰石/石膏法工艺流程如图 4-6 所示。该脱硫工艺系统主要有：烟气系统、吸收氧化系统、浆液制备系统、石膏脱水系统、排放系统。

4.2.2.3 烟气系统

烟气系统包括烟道、烟气挡板、密封风机和气-气加热器（GGH）等关键设备。吸收塔入口烟道及出口至挡板的烟道，烟气温度较低，烟气含湿量较大，容易对烟道产生腐蚀，需进行防腐处理。

烟气挡板是脱硫装置进入和退出运行的重要设备，分为 FGD 主烟道烟气挡板和旁路烟气挡板。前者安装在 FGD 系统的进出口，它是由双层烟气挡板组成，当关闭主烟道时，双层烟气挡板之间连接密封空气，以保证 FGD 系统内的防腐衬胶等不受破坏。旁路挡板安装在原锅炉烟道的进出口。当 FGD 系统运行时，旁路烟道关闭，这时烟道内连接密封空气。旁路烟气挡板设有快开机构，保证在 FGD 系统故障时迅速打开旁路烟道，以确保锅炉的正常运行。

4.2.2.4 吸收系统

吸收系统的主要设备是吸收塔，它是 FGD 设备的核心装置，系统在塔中完成对 SO_2、SO_3 等有害气体的吸收。湿法脱硫吸收塔有许多种结构，如填料塔、湍球塔、喷射鼓泡塔、喷淋塔等，其中喷淋塔因为具有脱硫效率高、阻力小、适应性、可用率高等优点而得到较广泛的应用，因而目前喷淋塔是石灰石/石膏湿法烟气脱硫工艺中的主导塔型。

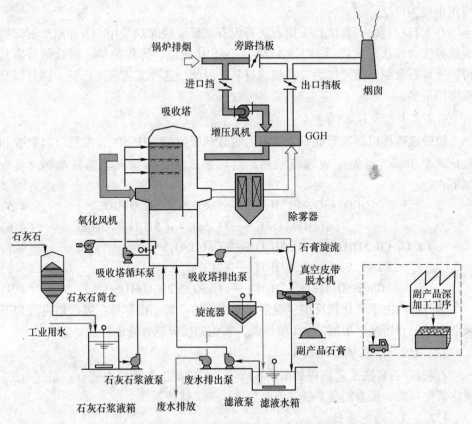

图 4-6   石灰石/石膏法工艺流程图

喷淋层设在吸收塔的中上部，吸收塔浆液循环泵对应各自的喷淋层。每个喷淋层都是由一系列喷嘴组成，其作用是将循环浆液进行细化喷雾。一个喷淋层包括母管和支管，母管的侧向支管成对排列，喷嘴就布置在其中。喷嘴的这种布置安排可使吸收塔断面上实现均匀的喷淋效果。

吸收塔循环泵将塔内的浆液循环打入喷淋层，为防止塔内沉淀物吸入泵体造成泵的堵塞或损坏及喷嘴的堵塞，循环泵前都装有网格状不锈钢滤网（塔内）。单台循环泵故障时，FGD 系统可正常进行，若全部循环泵均停运，FGD 系统将保护停运，烟气走旁路。

氧化空气系统是吸收系统内的一个重要部分，氧化空气的功能是保证吸收塔反应池内生成石膏。氧化空气注入不充分将会引起石膏结晶的不完善，还可能导致吸收塔内壁的结垢，因此，对该部分的优化设置对提高系统的脱硫效率和石膏的品质显得尤为重要。

吸收系统还包括除雾器及其冲洗设备，吸收塔内最上面的喷淋层上部设有二级除雾器，它主要用于分离由烟气携带的液滴，采用阻燃聚丙烯材料制成。

4.2.2.5 浆液制备系统

浆液制备通常分湿磨制浆与干粉制浆两种方式。

不同的制浆方式所对应的设备也各不相同。至少包括以下主要设备：磨机（湿磨时用）、粉仓（干粉制浆时用）、浆液箱、搅拌器、浆液输送泵。

浆液制备系统的任务是向吸收系统提供合格的石灰石浆液。通常要求粒度为90%小于325目（0.043mm）。

4.2.2.6 石膏脱水系统

石膏脱水系统包括水力旋流器和真空皮带脱水机等关键设备。

水力旋流器作为石膏浆液的一级脱水设备，其利用了离心力加速沉淀分离的原理，浆液流切进入水力旋流器的入口，使其产生环形运动。粗大颗粒富集在水力旋流器的周边，而细小颗粒则富集在中心。已澄清的液体从上部区域溢出（溢流），而增稠浆液则在底部流出（底流）。

真空皮脱水机将已经水力旋流器一级脱水后的石膏浆液进一步脱水至含固率达到90%以上。

某热电厂典型湿法烟气脱硫系统

该热电厂一期脱硫工程脱硫装置引进奥地利（AEE）工艺技术，采用石灰石—石膏湿法脱硫工艺，脱硫装置的吸收塔采用逆流空塔结构（一炉一塔）。本厂脱硫体系分为以下几个系统：烟气系统、SO_2吸收系统、排空系统、石膏脱水系统、FGD废水处理系统、工艺水系统、杂用和仪用压缩空气系统。脱硫系统工艺流程图如图4-7所示。

（1）烟气系统工艺流程。

烟气从锅炉引风机后的总烟道上100%抽出，经一台静叶可调轴流式增压风机升压后，进入原烟道烟气冷却器降温，然后再进入吸收塔。在吸收塔内经过喷淋浆液洗涤后，进入两级除雾器，除去烟气中携带浆滴后，通过FRP烟道排入烟塔，与烟塔中的水蒸气混合后排入大气。

（2）吸收塔再循环及石膏浆液排出系统。

吸收塔氧化池中的石膏、石灰石混合浆液通过吸收塔浆液循环泵送至吸收塔上部喷淋系统，浆液通过喷淋系统喷出后顺流而下，与上行的烟气接触，吸收烟气中的SO_2、SO_3和HCl等酸性物质后，返回到吸收塔氧化池。在吸收塔氧化池中与鼓入的空气中的氧气进行反应，通过氧化反应将亚硫酸盐氧化成稳定的硫酸盐。

氧化池内的石膏浆液通过石膏浆液排出泵送入石膏水力旋流站浓缩，浓缩后的石膏浆液进入真空皮带脱水机，石膏浆液经脱水处理后表面含水率可小于10%，由皮带输送机送入石膏筒仓存放待运，综合利用。而石膏旋流器溢流浆液

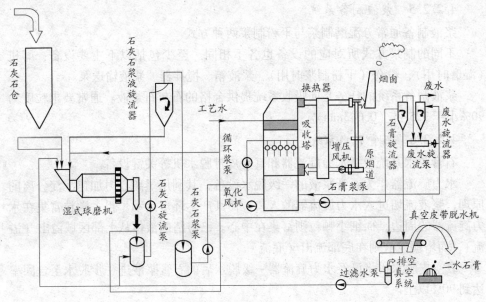

图 4-7　烟气系统工艺流程

进入废水给料箱。

(3) 氧化空气系统。

该厂 FGD 装置设置有 8 台氧化风机,氧化风机为每塔 2 台,一用一备。氧化空气通过氧化空气配管送入吸收塔内氧化。在氧化风机配管上还装设有冷却水喷淋装置,其目的是防止氧化空气温度过高,造成氧化喷管口结晶堵塞流通面积。

(4) 石膏旋流站 (一级脱水) 和真空皮带脱水系统 (二级脱水)。

吸收塔的石膏浆液通过石膏排出泵送入石膏水力旋流站浓缩,浓缩后的石膏浆液进入真空皮带脱水机,真空皮带脱水机的石膏浆液经脱水处理后表面含水率小于 10%,由皮带输送机送入石膏仓储存间存放待运,综合利用。而石膏旋流器溢流浆液进入废水给料箱,经废水旋流给料箱泵升压后送入废水旋流器,废水旋流器的溢流浆液进入脱硫废水箱,并由废水排放泵送入 FGD 废水处理站,经废水处理站处理后的合格废水经水泵输出厂外。废水旋流器底流浆液则返回吸收塔使用。

(5) 石灰石接收系统。

小于 20mm 粒径石块由自卸卡车送入钢制卸料斗内,卸料斗容积为 $17m^3$,料斗上部设有防止大粒径的石灰石进入和均匀给料的振动箅子,下部设有石灰石卸料振动给料机。石灰石块经卸料振动给料机送入石灰石埋刮板输送机,通过斗式提升机再送入石灰石仓埋刮板输送机,埋刮板输送机再将石灰石送入石灰石筒仓。

（6）石灰石浆液制备系统。

用卡车将石灰石（粒径≤20mm）送入卸料斗，经振动给料机、埋刮式输送机、斗式提升机送至钢制石灰石贮仓内。在石灰石仓底设有两个出料口，两出料口对应两套磨机系统。出料口设有振动给料机和两台称重皮带给料机。石灰石经称重皮带机称重后送至湿式球磨机内磨制成浆液，碾磨后的石灰石浆液再通过循环浆泵输送到水力旋流器分离，大尺寸物料从旋流器底流返回再循环，合格的溢流物料存贮于石灰石浆液箱中，然后经石灰石浆液泵送至吸收塔。

4.2.3 生物法脱硫技术

生物脱硫，又称生物催化脱硫（简称 BDS），生物脱硫是利用微生物或它所含的酶催化含硫化合物（SO_2、H_2S、有机硫），使其所含的硫被氧化、溶解而脱除。

4.2.3.1 基本原理

硫酸盐还原菌是一种在自然界分布广泛的厌氧细菌，其广泛存在于土壤、自来水、海水、污泥中。硫酸盐还原菌与硫酸盐反应基本原理可用下列化学方程式简单表示：

$$含碳源有机物 + SO_4^{2-} \longrightarrow S^{2-} + H_2O + CO_2\uparrow \qquad (4\text{-}10)$$

在上述过程中，硫酸盐还原菌利用 SO_4^{2-} 作为最终电子受体，将有机物作为细胞合成的碳源和电子供体，同时将 SO_4^{2-} 还原为硫化物。反应后 SO_4^{2-} 的浓度大大降低，同时含碳源有机物中的碳源浓度也随之降低（即 COD 浓度降低）。

4.2.3.2 工艺流程和主要设备

生物脱硫工艺流程见图 4-8。

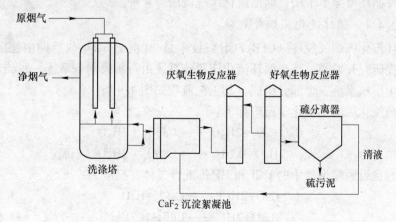

图 4-8　生物脱硫工艺流程

A　洗涤塔

在这个过程中，粉尘被去除，硫化物（主要为 SO_2，包括一些 SO_3）被吸附进溶液形成亚硫酸氢钠和硫酸钠，反应式如下：

$$SO_2+NaHCO_3 \longrightarrow NaHSO_3+CO_2 \tag{4-11}$$

$$SO_3+2NaHCO_3 \longrightarrow Na_2SO_4+2CO_2+H_2O \tag{4-12}$$

净烟气通过除雾器除去水分，随后通过塔上部侧面的烟气出口离开洗涤塔。

B　冷却塔

冷却塔主要的作用是冷却液体。来自于洗涤塔的洗涤液的温度为 $42\sim47℃$，通过冷却塔之后降到 $33℃$。

C　厌氧生物反应器

从供料泵池来的液体通过水泵从反应器的底部进入，在反应器的中部与含有硫酸盐还原菌的污泥进行混合、反应。

D　CaF_2 沉淀絮凝池

CaF_2 沉淀絮凝池的作用是沉淀反应过程中产生的 CaF_2 沉淀。烟气中的 F^- 与柠檬酸废水和母液中的 Ca^{2+} 在反应过程中产生 CaF_2 沉淀。

E　硫分离器

硫分离器的作用是把单质硫与泥、水分离开。

4.2.4　半干法脱硫技术

半干法是用雾化的脱硫剂或浆液脱硫，但在脱硫过程中，雾滴被蒸发干燥，直接产物呈干态粉末，具有干法和湿法脱硫的优点。

目前主要的半干法烟气脱硫技术有喷雾半干法、炉内喷钙后烟气增湿活化法、灰外循环增湿半干法、烟道流化床脱硫法等 4 种。

4.2.4.1　循环流化床烟气脱硫

循环流化床烟气脱硫（CFB-FGD）技术是 20 世纪 80 年代后期由德国 Lurgi 公司首先研究开发的。整个循环流化床脱硫系统由石灰浆制备系统、脱硫反应系统和收尘引风系统三个部分组成，其工艺流程如图 4-9 所示。

循环流化床的主要化学反应如下：

$$CaO+SO_2+2H_2O \longrightarrow CaSO_3 \cdot 2H_2O \tag{4-13}$$

$$CaSO_3 \cdot 2H_2O+0.5O_2 \longrightarrow CaSO_4 \cdot 2H_2O（石膏） \tag{4-14}$$

同时也可脱除烟气中的 HCl 和 HF 等酸性气体，反应为：

$$CaO+2HCl \longrightarrow CaCl_2+H_2O \tag{4-15}$$

$$CaO+2HF \longrightarrow CaF_2+H_2O \tag{4-16}$$

循环流化床烟气脱硫的主要优点是脱硫剂反应停留时间长，对锅炉负荷变化

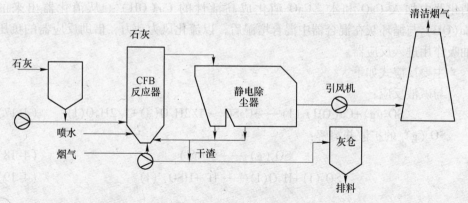

图 4-9　循环流化床烟气脱硫（CFB-FGD）工艺流程

的适应性强。但目前循环流化床烟气脱硫系统只在较小规模电厂锅炉上得到应用，尚缺乏大型化的应用业绩。

4.2.4.2　灰外循环增湿半干法

以 ALSTOM 公司开发的循环半干法工艺（NID）为代表，反应系统示意图如图 4-10 所示。由空气预热器出来的烟气从反应器的底部进入，与从混合器输送的新鲜脱硫吸收剂及循环灰充分接触，烟气与物料气固两相呈气力输送状态，在烟气夹带固体颗粒向上流动的过程中烟气降温增湿并发生脱硫反应，脱出 SO_2 的烟气从反应器的顶部进入电除尘器（或布袋除尘器），在此分离出固体颗粒，然后烟气进入引风机，经烟囱排入大气。从电除尘器（或布袋除尘器）底部分离出的颗粒，一部分送入排灰系统，其余部分则经螺旋输送机送至混合器，同时在

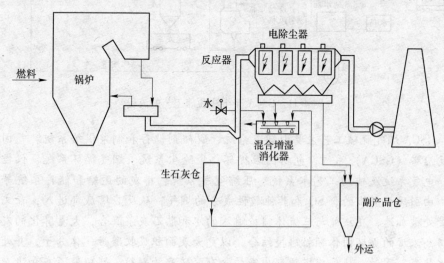

图 4-10　NID 反应系统示意图

消化器中加入 CaO 和水，CaO 消化成高活性的 Ca(OH)$_2$。从消化器出来的 Ca(OH)$_2$ 与循环灰在混合器中混合增湿后，以流化风为动力，借助反应器的负压抽吸作用进入反应器。

主要反应式如下。

与碱液反应：

$$SO_2(g) + Ca(OH)_2(l) \longrightarrow CaSO_3 \cdot 1/2H_2O(s) + 1/2H_2O(l) \tag{4-17}$$

SO$_2$(g) 的扩散并溶解：

$$SO_2(g) \longrightarrow SO_2(l) \tag{4-18}$$

$$SO_2(l) + H_2O(l) \longrightarrow H^+ + HSO_3^-(l) \tag{4-19}$$

某钢厂半干法脱硫系统

邯郸钢铁股份有限公司新建 400m^2 烧结烟气采用优化后的 GSCA（GSCA：气固循环吸收半干法），脱硫工艺的流程见图 4-11。

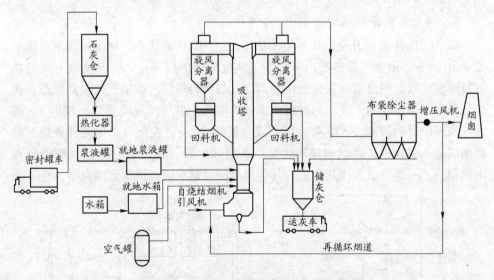

图 4-11   GSCA 半干法脱硫工艺的流程

GSCA 烟气脱硫工艺主要由烟道系统、脱硫剂储存和制浆供给系统、气固循环反应塔（GSCA）系统，包括固粒循环、袋除尘系统、烟气循环系统、仪控系统、电气系统及辅助工艺水系统、压缩空气系统、排灰的运输和储存系统等组成。由引风机引出的含 SO$_2$ 和其他酸性成分的烟气，从反应塔底部进入，在文丘里管处被加速，在该处与三流体喷枪喷入的水和熟石灰浆混合，大量雾化的灰浆滴与高浓度的循环固体颗粒碰撞结合，以更大表面积吸收酸性气体分子，并处于流化状态。同时，从反应塔顶部出来的含有脱硫废物颗粒，残留熟石灰和飞灰的固体颗粒在随后的旋风分离器内被分离并经循环回料机返回反应塔，其中的残留脱硫剂与烟气中的酸性物继续反应，基本上干态副产物和脱硫剂在系统排出前循环 50~100 次，从而使灰浆的利用率提高到最大。

脱硫剂储存和制浆供给系统主要由石灰储仓、石灰给料机、熟化器、除砂机、浆液储存罐，就地浆液罐、浆液泵等组成。制浆系统布置在石灰仓的下方，使石灰和浆液自上而下自然输送。石灰原料由密封罐车运输，由气动输送至石灰仓，来自石灰仓的石灰由螺旋给料机送入熟化器内，经熟化后的氢氧化钙平均粒径在 30μm 以下，石灰熟化率接近 100%，熟化后的石灰浆液自流排入振动除砂机，以分离石灰浆液中 90% 以上的杂质，产生奶状浆液，不仅保证高效率的脱硫吸收，而且有效防止磨损、沉积、堵塞等问题。经除砂净化的浆液自流入底部浆液罐，由两台输浆泵向 GSCA 反应塔的就地浆液罐供浆，两台就地浆液泵向三流体喷枪供浆。就地浆液泵和水泵采用定压头、可调速泵，保证在固定喷射压力下灵活调节浆液流量为 10∶1，以使脱硫负荷变化时保证脱硫率和反应塔温度的精确控制。

4.3 脱硝技术

为防止锅炉内煤燃烧后产生过多的 NO_X 污染环境，工业上采用一定的脱硝技术对氮氧化物进行处理。产生的 NO_X 主要危害有：直接使人体中毒（NO 与血红蛋白作用，降低血液的输氧功能；NO_2 还会损坏心、肝、肾的功能和造血组织），同时，NO_X 也是光化学烟雾和酸雨的前体物质。

根据脱硝的作用物质不同，可分为化学脱硝和生物法脱硝两大类。

4.3.1 化学脱硝

化学脱硝是利用化学试剂使烟气中的 NO_X 脱除的方法，分为化学还原法和化学氧化法。目前工程中常用的是还原法。

4.3.1.1 选择性催化还原脱硝技术

选择性催化还原法（Selective Catalytic Reduction，SCR）是指在催化剂的作用下，利用还原剂（如 NH_3、液氨、尿素）来有选择性地与烟气中的 NO_X 反应并生成无毒无污染的 N_2 和 H_2O。

A　原理

在 SCR 脱硝过程中，通过加氨可以把 NO_X 转化为空气中天然含有的氮气（N_2）和水（H_2O），其化学反应式主要为：

$$4NO+4NH_3+O_2 \longrightarrow 4N_2+6H_2O \tag{4-20}$$

$$6NO+4NH_3 \longrightarrow 5N_2+6H_2O \tag{4-21}$$

$$6NO_2+8NH_3 \longrightarrow 7N_2+12H_2O \tag{4-22}$$

$$2NO_2+4NH_3+O_2\longrightarrow 3N_2+6H_2O \tag{4-23}$$

在没有催化剂的情况下，上述化学反应只在很窄的温度范围内（850～1100℃）进行，采用催化剂后使反应活化能降低，可在较低温度（300～400℃）条件下进行。而选择性是指在催化剂的作用和氧气存在的条件下，NH_3 优先与 NO_X 发生还原反应，而不和烟气中的氧进行氧化反应。目前国内外 SCR 系统多采用高温催化剂，反应温度在 315～400℃。广泛应用的催化剂以 TiO_2 为载体，以 V_2O_5 或 V_2O_5-WO_3、V_2O_5-MoO_3 为活性成分。

　B　SCR 工艺流程

典型的 SCR 脱硝系统一般由液氨储存和供应系统、氨与空气混合稀释系统、稀释氨气与烟气混合系统、反应器系统、省煤器旁路以及检测和控制系统等组成，如图 4-12 所示。

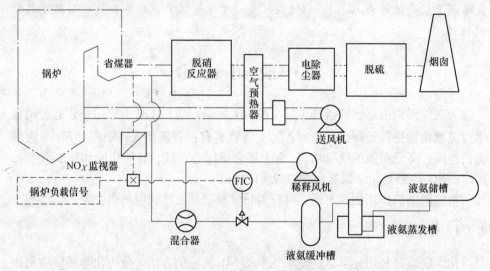

图 4-12　典型 SCR 工艺流程

　C　应用现状

到 20 世纪 90 年代，德国已有 140 多座电厂使用 SCR 脱硝系统，装机总容量达到 30GW。截至 2002 年，欧洲总共有约 55GW 容量的电力系统应用了 SCR 设备。2004 年底，约有 100GW 容量的电站使用了 SCR 设备，占美国燃煤电站总容量的 33%。

2006 年我国活力发电站总机组容量达 2.83 万亿千瓦，而安装 SCR 装置的机组容量仅为 11.4GW，不足 1%，随着经济发展和日趋严格的 NO_x 控制要求，将极大地推动 SCR 脱硝技术在我国的推广应用。

　4.3.1.2　选择性非催化还原脱硝技术

选择性非催化还原法（Selective Non-Catalytic Reduction，SNCR）技术是一种

不用催化剂，在850~1100℃范围内还原NO_X的方法，还原剂常用氨或尿素，最初由美国的Exxon公司发明并于1974年在日本成功投入工业应用，后经美国Fuel Tech公司推广，目前美国是世界上应用实例最多的国家。

A SCNR工艺原理

该方法是把含有NO_X基的还原剂喷入炉膛温度为850~1100℃的区域后，迅速热分解成NH_3和其他副产物，随后NH_3与烟气中的NO_X进行SNCR反应而生成N_2。其反应方程式主要为：

$$4NH_3+4NO+O_2 \longrightarrow 4N_2+6H_2O \tag{4-24}$$

$$8NH_3+6NO_2 \longrightarrow 7N_2+12H_2O \tag{4-25}$$

而采用尿素作为还原剂还原NO_X的主要化学反应为：

$$(NH_2)_2CO \longrightarrow 2NH_2+CO \tag{4-26}$$

$$NH_2+NO \longrightarrow N_2+H_2O \tag{4-27}$$

$$CO+2NO \longrightarrow N_2+CO_2 \tag{4-28}$$

烟气中90%~95%的NO_X为NO，故以NO还原反应为主。为确保上述反应为主要反应，氨或尿素必须注入最适宜的温度区。温度太高，容易导致氨被氧气氧化，温度太低将导致氨反应不完全。

B SNCR脱硝工艺流程

一个典型的SNCR系统由还原剂储槽、还原剂多层喷入装置和与之配套的控制仪表构成，工艺流程图如图4-13所示。

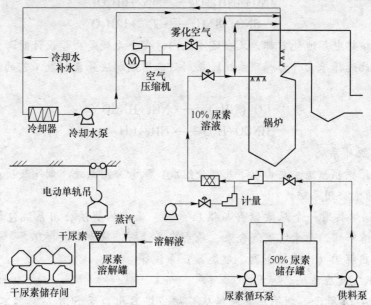

图4-13 SNCR工艺流程图

北京某热电厂典型脱销系统

（1）背景简介。

该热电厂一期工程总装机容量为845MW，四台锅炉均为德国巴布科克设计，在初设时就考虑了氮氧化物的排放设置了低氮燃烧器，因此在很长一段时间，北京热电厂的排放始终可以满足地方标准。但随着北京市环保要求的提高，电厂大气污染物的排放浓度，已不能全部满足北京市排放标准。从2005年底，开始进行烟气脱硝技术的调研工作，并根据文件要求，电厂1号~4号炉烟气脱硝工程于2006年2月开始筹备，至2007年12月正式投入运行。脱硝装置采用选择性催化还原脱硝（SCR）工艺，脱硝效率为90%。

（2）脱硝工程简介。

脱硝工艺由清华同方环境公司引进意大利TKC公司技术，与意大利TKC公司进行配合设计。每台锅炉根据锅炉原有烟道情况，在省煤器和空气预热器之间分别安装了两台反应器，每个反应器采用3+1布置，进入喷氨隔栅的氨气通过10组喷氨阀组进入反应器入口烟道的烟气中，含有氨气的烟气通过静态混合器充分混合后进入催化剂入口整流器，整流器将氨气烟气混合气体进行整流后均匀进入反应器的第一层催化剂，接着进入第二和第三层催化剂，在各层催化剂的表面氨气和氮氧化物反应生成氮气，从而达到脱除氮氧化物的目的。具体反应原理如下：

$$4NO+4NH_3+O_2 \longrightarrow 4N_2+6H_2O \tag{4-29}$$

$$6NO_2+8NH_3 \longrightarrow 7N_2+12H_2O \tag{4-30}$$

由于该热电厂地处首都，又在城市之内，安全无疑是初步设计时考虑最多的因素，因此选择尿素作为脱硝系统还原剂。采用热解法尿素制氨工艺的原理如下式所示：

$$CO（NH_2）_2 \longrightarrow NH_3+HNCO \tag{4-31}$$

$$HNCO+H_2O \longrightarrow NH_3+CO_2 \tag{4-32}$$

（3）脱硝系统。

本电厂脱硝系统主要由以下几部分组成：尿素公用系统、烟气及反应系统。

1）尿素公用系统。

4台锅炉共用一个尿素储存与供应系统。尿素热解法公用系统包括尿素储仓、尿素溶解罐、尿素溶液混合泵、尿素溶液储罐、尿素溶液循环泵、计量和分配装置、热解炉（内含喷射器、燃烧器）系统等。

2）烟气反应系统。

如图4-14所示，烟气系统包括从锅炉省煤器出口至SCR反应器本体入口、SCR反应器本体出口至空预器入口之间的连接烟道。其主要流程如下：

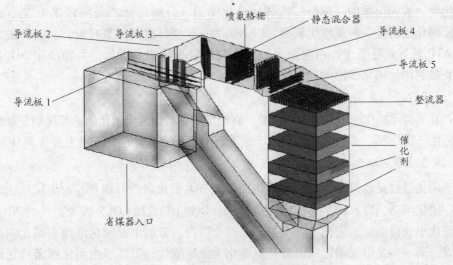

图 4-14 烟道立体模型

来自锅炉省煤器的未脱硝烟气→SCR 系统入口→喷氨格栅→烟气/氨静态混合器→导流板→整流装置→催化剂层→净烟气→SCR 反应器出口→空气预热器入口。

在整个烟气系统当中，主要的设备有反应器、喷氨系统、催化剂及其辅助吹灰系统等。

①SCR 反应器本体及催化剂。反应器在锅炉 40%~100% 负荷下能正常运行，能满足烟气温度不高于 400℃ 的情况下长期运行，为保持催化剂表面清洁配置了"蒸汽吹灰+声波吹灰"的联合吹灰装置。催化剂设置为四层，三用一备。

②氨喷射系统。氨喷射系统的作用是使氨与空气混合物喷入烟道后，可在较短的距离内与烟气中的 NO_X 充分混合，并能手动调节烟道截面上的氨浓度分布。

③吹灰及控制系统。SCR 反应器采用"蒸汽吹灰+声波吹灰"联合吹灰模式。每层（1号、2号炉国产时林设备，每层布置 3 个；3号、4号炉进口 GE 设备，每层 2 个）声波吹灰器和 3 个蒸汽吹灰器，预留层留有接口。

4.3.2 生物法脱硝

生物法脱硝是利用微生物的生命活动将 NO_X 转变为氮气、NO_3^-、NO_2^-，以及微生物的细胞质。作为一种新型的脱硝方式，目前此法实际应用很少。

根据微生物种类不同，微生物净化 NO_X 有反硝化、硝化、真菌净化三种机理。

4.3.2.1 反硝化净化机理

在反硝化过程中，NO_X 通过反硝化细菌的同化作用（合成代谢）还原成有机氮化物，成为菌体的一部分；或通过异化作用（分解代谢）最终转化为 N_2。由于反硝化细菌是一种兼性厌氧菌，以 NO_X 为电子受体进行厌氧呼吸，故其释放出的 ATP 较好氧呼吸少，相应合成的细胞物质量也较少。因此，生物净化 NO_X 也主要是利用反硝化细菌的异化反硝化作用。

4.3.2.2　真菌净化机理

真菌的反硝化能力是普遍存在的。真菌反硝化与细菌反硝化的显著区别是细菌反硝化产物是 N_2，而大多数真菌由于缺乏 N_2O 还原酶，反硝化产物主要是 N_2O。

4.3.2.3　硝化净化机理

硝化过程是以氨氮为氮源的硝化细菌将 NO_X 氧化为 NO_3^- 和 NO_2^- 的生化反应过程。硝化细菌为自养菌，它们以无机碳化合物如 HCO_3^- 和 CO_2 为碳源，从对 NH_4^+ 的氧化中获得能量。硝化过程一般分为两个阶段，分别由亚硝化细菌和硝化细菌完成：第一步是由亚硝化细菌将氨氮转化为亚硝酸盐；第二步由硝化细菌将亚硝酸盐转化为硝酸盐（NO_3^-）。

4.3.2.4　生物脱硝特点

生物脱硝技术具有工艺设备简单、能耗低、处理费用少、效率高、无二次污染等优点。但也存在不少缺陷，微生物难以固定化，生存环境要求比较苛刻，在实际工程中很难满足微生物生长所需的环境，并且生物挂膜需要的时间也比较长，所以目前实际工程中的应用很少。希望在不久的将来能够找到适宜各种环境、且脱硝效率较高的菌种，就能广泛将此法应用于实际生产。

4.4　烟塔合一烟气处理

烟塔合一技术于 20 世纪 70 年代起源于德国，并随后逐渐在其国内得到推广引用，目前其已发展成了一项相当成熟的技术。近几年，随着我国湿法烟气脱硫技术的广泛应用，烟塔合一技术在国内也开始得到了广泛的应用。

烟塔合一技术就是取消火电厂中的烟囱，将脱硫后的锅炉烟气经自然通风冷却塔排放到大气，其工艺流程如图 4-15 所示。烟塔合一技术取消了再热设备和烟囱，减少了工程投资和运行费用。省去烟气再热系统，还可以避免未净化烟气泄漏而造成脱硫效率的下降。同时，烟塔合一技术可以大大提高脱硫后烟气的抬升高度，有利于烟气扩散和降低大气污染，为有烟囱限高要求的工程提供了一种更好的烟气排放方式。

与传统工艺相比，烟塔合一技术具有技术、经济和环境优势，在华能北京热电厂、国华三河电厂、天津国电津能公司等电厂得到推广应用。该技术在应用过程中需要注意的关键点如下：

（1）冷却塔腐蚀。脱硫后的净烟气通过玻璃钢烟道直接进入冷却塔与水蒸

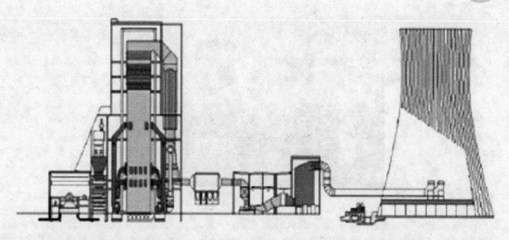

图 4-15　烟塔合一技术工艺流程

气混合后排入大气，烟气中的腐蚀介质（CO_2、SO_2、SO_3、HCl 和 HF）与水蒸气接触，凝结的水滴回落到冷却塔，并在冷却塔筒壁形成大的液滴。含有酸性气体的液滴在向下流动过程中，会对冷却塔的壳体产生严重的腐蚀，局部 pH 值可能会达到 1。由于冷却塔内面积大、湿度高、不易维护，因此烟塔合一技术中的冷却塔防腐至关重要。

（2）脱硫系统的可靠性和可控性。烟塔合一技术均取消了烟气旁路，当锅炉启动、进入吸收塔的烟气超温或脱硫浆液循环泵全部停运时，烟气不可能从旁路绕过吸收塔，而是必须经过吸收塔，通过冷却塔排入大气。此时，为了保证脱硫系统的安全，脱硫系统的可靠性和可控性至关重要，这通常需要脱硫系统控制与电厂主机控制联锁、采用可靠的脱硫设备、设置可控的事故喷淋装置。

热电厂烟塔合一

某热电厂一期总装机容量为 1000MW，共 4 台机组，每台锅炉额定蒸发量为 830t/h。锅炉烟气全部进行脱硫处理，采用石灰石-石膏湿法烟气脱硫技术、一炉一塔布置，脱硫后烟气采用烟塔合一技术排放，4 台锅炉共用 1 座冷却塔（图 4-16）进行烟气排放。

吸收塔作为脱硫系统最关键的设备，特别考虑了以下几点：

（1）吸收塔及烟道防腐。

吸收塔及烟道防腐如图 4-17 所示，吸收塔壳体由碳钢制作，喷淋层、浆液池内表面、吸收塔出口烟道采用 3mm 厚玻璃鳞片树脂内衬防腐，其余内表面采用 2mm 厚玻璃鳞片树脂内衬防腐。烟气冷却器至吸收塔烟气进口烟道采用 6mm 厚 C276 合金，增压风机至吸收塔入口之间的烟道、烟气冷却器外科采用 2mm 厚 1.4529 不锈钢内衬防腐。

图 4-16　热电厂冷却塔

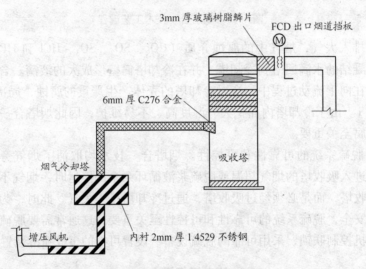

图 4-17　吸收塔及烟道防腐图

（2）烟气事故喷淋系统。

为防止脱硫系统运行期间进入吸收塔内的烟气温度过高、浆液泵全部停运等情况出现，在吸收塔入口烟道上设有 1 路烟气事故喷淋系统和 1 路除雾冲洗水（上层）。当烟气温度超过 140℃ 时，启动 1 路事故喷淋和 1 路除雾器上层冲洗阀进行烟气降温。当烟气温度低于 135℃ 并且吸收塔出口温度低于 55℃，自动停止事故喷淋和除雾器上层系统。当烟气温度超过 160℃ 时，或吸收塔出口温度高于 65℃，延时 5s，停止脱硫系统。当吸收塔浆液泵全部停运时，则启动事故喷淋系统、机组跳闸停运。

（3）系统可靠性设计。

为了减少脱硫系统带来的机组停运率，保证机组可用率，本工程中的制浆系统、供水系统、石膏脱水系统、石膏卸料系统及其相应设备均为一运一备，增压风机、氧化风机、排浆泵、浆液循环泵、搅拌器及监测控制设备等均是选择性能优良、可靠性高的设备。

4.5 二氧化碳捕集

根据 IPCC（The Intergovernmental Panel on Climate Change）报告，引起全球气候变暖的 CO_2、CH_4、N_2O、氢氟烃 4 类气体中，CO_2 产生的温室效应占 60%，因此，减少 CO_2 的排放已成为应对气候变暖的最重要的技术路线之一。减少 CO_2 排放主要有以下 3 种途径：（1）调整能源结构，使用无碳或低碳能源。如太阳能、风能等可再生能源以及核能等清洁能源。（2）提高能源利用效率，降低单位产值能耗的温室气体排放量。（3）采用温室气体的捕集和封存（CCS）技术。IEA 的研究结果表明：在碳税为 50 美元/t 的情况下，2050 年 CO_2 减排量的一半将依靠 CO_2 捕集和封存（CCS）实现。因此研究 CO_2 捕集技术对温室气体减排意义重大。

4.5.1 二氧化碳捕集系统的原理

利用碱性的乙醇胺溶液与酸性的二氧化碳发生可逆反应，即在 40℃ 左右时吸收二氧化碳，生成水溶性盐，二氧化碳被吸收，升温至 110℃ 左右时发生逆向反应，解析出二氧化碳。

4.5.2 二氧化碳的捕集方式

二氧化碳的捕集方式主要有三种：燃烧前捕集（Pre-Combustion）、富氧燃烧（Oxy-Fuel Combustion）和燃烧后捕集（Post-Combustion）。

A 燃烧前捕集

燃烧前捕集主要运用于 IGCC（整体煤气化联合循环）系统中，将煤高压富氧汽化变成煤气，再经过水煤气变换后产生 CO_2 和 H_2，气体压力和 CO_2 浓度都很高，将很容易对 CO_2 进行捕集。剩下的 H_2 可以被当作燃料使用。

B 富氧燃烧

富氧燃烧采用传统燃煤电站的技术流程，但通过制氧技术，将空气中大比例的氮气（N_2）脱除，直接采用高浓度的氧气（O_2）与抽回的部分烟气（烟道气）的混合气体来替代空气，这样得到的烟气中有高浓度的 CO_2 气体，可以直接进行处理和封存。

C 燃烧后捕集

燃烧后捕集即在燃烧排放的烟气中捕集 CO_2，目前常用的 CO_2 分离技术主要有化学吸收法（利用酸碱性吸收）和物理吸收法（变温或变压吸附），此外还有膜分离法技术，虽然正处于发展阶段，但却是公认的在能耗和设备紧凑性方面具有非常大潜力的技术。

某热电厂二氧化碳捕集系统

该热电厂是国内第一家燃煤电厂设置二氧化碳捕集工程的单位。2007 年 12 月 26 日，我国首个"燃煤发电厂年捕集二氧化碳 3000 吨试验示范工程"在该电厂开工建设。该工程于 2008 年 7 月 16 日竣工投产，年回收二氧化碳 3000t，现已成功捕集出二氧化碳并通过精制系统提高纯度至 99.99%，形成日产 12t 的规模。

CO_2 捕集系统工艺流程如图 4-18 所示。电厂脱硫后的烟气，在风机作用下，通过旁路管道和脱水系统，由吸收塔储液槽液面之上进入吸收塔。

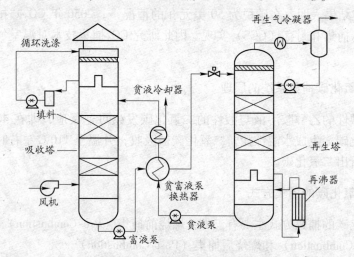

图 4-18　CO_2 捕集系统工艺流程

塔底为溶液储槽，吸收了 CO_2 的富液被储存在该区域，并通过富液泵抽至再生塔。塔中部为气液接触部分，这部分主要是通过填料来强化气液接触，加强溶液对 CO_2 的吸收。塔顶部设置了循环洗涤和除雾装置。循环洗涤系统为独立水循环系统，由 1 个洗涤液储槽、洗涤泵和溶液冷却器及塔内部分构成。

再生出来的胺溶液从槽盘气液分布器之上喷淋下来，分布到填料系统中，并沿填料流下。烟气在上升的过程中，与溶液进行充分接触反应。90% 左右的 CO_2 被溶液"吸收"，剩下的气体通过洗涤系统和除雾系统，最终从塔顶排到大气中。

吸收了 CO_2 的溶液，即富液，在富液泵作用下从吸收塔储液槽，通过贫富液换热器，被高温的贫液加热到 95℃ 左右，然后从再生塔上部进入再生系统。再生系统由再生塔、溶液再沸器、再生器冷却回流系统以及胺回收加热器组成。为促进再生塔内的溶液充分再生，在再生塔下半部，增设一升气帽，使从再生塔顶部流下的溶液被阻隔，溶液首先全部进入再沸器再生。从再沸器回再生塔的液相部分流到贫液槽，通过贫液泵，在贫富液换热器处将部分热能传递给富液，进一步经过贫液冷却器，将温度降低到50℃左右，进入到吸收塔。

4.6 机动车尾气污染与治理技术

4.6.1 尾气的成分与危害

机动车排放的污染物以及与交通源相关的主要污染物有一氧化碳（CO）、氮氧化物（NO_x）、碳氢化合物（包括苯、苯丙芘）和固体悬浮颗粒物等。

4.6.1.1 一氧化碳（CO）

从物理性质看，CO属于无色无味的有毒气体。高浓度的CO能够引起人体生理和病理上的变化，使心脏、头脑等重要器官严重缺氧，引起头晕、恶心、头痛等症状，严重时会使心血管工作困难，直至死亡。从化学性质看，CO属于一类可燃烧气体，在一定温度下会燃烧生成CO_2，CO_2是温室效应的主要气体。由此可见，当机动车排放过量的CO之后，不仅仅会引起环境污染，对人们的身心健康也是一种威胁。

4.6.1.2 氮氧化物（NO_x）

氮氧化物（NO_x）是NO与NO_2的总称。汽车尾气中氮氧化物的排放量取决于气缸内燃烧温度、燃烧时间和空燃比等因素。燃烧过程排放的氮氧化物中95%以上可能是NO，NO_2只占少量。NO是无色无味气体，只有轻度刺激性，毒性不大，高浓度时会造成中枢神经的轻度障碍。NO_2是一种红棕色气体，对呼吸道有强烈的刺激，对人体影响甚大。同时，NO_2还是产生酸雨和引起气候变化、产生烟雾的主要原因。此外，HC和NO_x在大气环境中受太阳光紫外线照射后，会产生新的污染物——光化学烟雾。

4.6.1.3 碳氢化合物（HC）

碳氢化合物也称烃，包括未燃和完全燃烧的燃油、润滑油及裂解产物和部分氧化物。饱和烃一般危害不大，但是不饱和烃危害极大，例如：苯可引起食欲不振、易倦、头晕、失眠等，甲醛、丙烯醛等醛类气体会对眼、呼吸道和皮肤有强烈刺激。应当引起特别注意的是带更多环的多环芳香烃，如苯并芘和硝基烯都是致癌物质。同时，烃类成分还是引起光化学烟雾的重要物质。

4.6.1.4 固体悬浮颗粒物

固体悬浮颗粒的成分很复杂，并具有较强的吸附能力，可以吸附各种金属粉尘、强致癌物苯并芘和病原微生物等。固体悬浮颗粒随呼吸进入人体肺部，以碰撞、扩散、沉积等方式滞留在呼吸道的不同部位，引起呼吸系统疾病。当悬浮颗粒积累到临界浓度时，便会激发形成恶性肿瘤。此外，悬浮颗粒物还能直接接触皮肤和眼睛，阻塞皮肤的毛囊和汗腺，引起皮肤炎和眼结膜炎，甚至造成角膜损伤。

4.6.1.5 铅（Pb）

目前，国内汽车多数采用的是汽油燃料，考虑到汽车行驶的安全要求，在配制汽油时会添加"四乙基铅"作为抗爆剂，Pb 对人体细胞造成的危害也是很大的，如：Pb 进入大脑之后，会破坏脑组织结构，引起脑功能障碍等问题。

4.6.2 常用机动车尾气治理技术

4.6.2.1 机内净化技术

机内治理技术是通过对发动机的调整和改造，改善燃烧过程，以防止或减少有害污染物在机内生成。机内净化的主要方式是改进发动机的燃烧方法，即利用所谓稀薄燃烧方式来接近理想燃烧方式，在较好的条件下使混合气体燃烧，减少污染物的发生量。

由于一氧化碳的生成主要取决于空燃比，氮氧化物的生成主要取决于燃气的最高温度、在高温下停留时间和燃气中的含氧量，根据它们生成的特点，科学家有针对性地进行了治理技术研究。其措施有：一是改进燃烧室结构，如采用复合涡流控制燃烧，MCA-JET 三门发动机；二是改进点火系统，如在化油器上设置断油装置和稀混合气供给装置，采用延迟点火装置和晶体管点火装置等。

目前国外已运用的机内净化方法有：延迟点火法、废气再循环装置（EGR）、控制燃烧装置（CCS）、清洁空气装置（CAP）、电子控制汽油喷射系统装置等，都能有效地降低一氧化碳、碳氢化合物的排放量，抑制氮氧化物的生成。

4.6.2.2 机外净化技术

机内净化能减少有害气体的生成，但不能除去已生成的有害气体。通常人们更关注的是机外净化。催化净化是目前研究与应用最多的机外净化方式。20 世纪 70 年代以来，许多国家都进行了汽车尾气净化催化剂的研究。目前已投入使用的催化剂主要有贵金属催化剂和非贵金属催化剂两种。

A 贵金属催化剂

贵金属催化剂 TWC 具有机械强度高、比表面积大、气阻小和活性高等优点，在 105r/h 的高速和 $300\sim650℃$ 条件下对 3 种污染物的转化率均高于 80%，且行车 10×10^4 km 无明显失活，但它也有自身的不足。它的转化率受空燃比（A/F）影响较大，只有在发动机 A/F 达 14.6 的条件下操作时，催化剂对 HC、CO 及 NO_X 的净化才可同时达到最佳值。

B 非贵金属催化剂

近年来，过渡金属和稀土元素的氧化物型和复合氧化物型催化剂一直受到人们的重视。已有一些过渡金属氧化物型、钙钛矿型的催化剂研制成功并投入使用。对于稀土资源丰富的我国来说，开发非贵金属催化剂具有广阔的前景。有的研究者以 Fe_2O_3 为载体，经高温焙烧制成一种新型复合金属氧化物催化剂 WCX-1（Re-Ni-Co-Cu-O_x/Fe_2O_3），该催化剂具有较好的高温活性及很强的抗 SO_2 中毒和抗积炭性能。

三元催化技术

三元催化，是指将汽车尾气排出的 CO、HC 和 NO_X 等有害气体通过氧化和还原作用转变为无害的二氧化碳、水和氮气的催化。主要是用三元催化器，三元催化器的载体部件是一块多孔陶瓷材料，安装在特制的排气管当中。称它是载体，是因为它本身并不参加催化反应，而是在上面覆盖着一层铂、铑、钯等贵重金属。三元催化器是安装在汽车排气系统中最重要的机外净化装置。

三元催化器的工作原理是：当高温的汽车尾气通过净化装置时，三元催化器中的净化剂将增强 CO、HC 和 NO_X 三种气体的活性，促使其进行一定的氧化-还原化学反应，其中 CO 在高温下氧化成为无色、无毒的二氧化碳气体，HC 化合物在高温下氧化成水（H_2O）和二氧化碳，NO_X 还原成氮气和氧气。三种有害气体变成无害气体，使汽车尾气得以净化。三元催化原理图如图 4-19 所示。

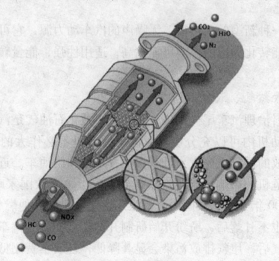

图 4-19　三元催化原理图

三元催化反应器类似消声器。它的外面用双层不锈薄钢板制成筒形。在双层薄板夹层中装有绝热材料——石棉纤维毡。内部在网状隔板中间装有净化剂。净化剂由载体和催化剂组成。载体一般由三氧化二铝制成，其形状有球形、多棱体形和网状隔板等。净化剂实际上是起催化作用的，也称为催化剂。催化剂用的是金属铂、铑、钯。将其中一种喷涂在载体上，就构成了净化剂。

三元催化一般不用清洗，如果三元催化氧化厉害了就直接更换。因为，三元催化的工作温度在350℃左右，所以最好没有液态水残留，因此清洗并不好。

4.6.2.3　提高燃油品质

燃油品质与汽车尾气也有着重要的关系，为此世界各国，特别是发达国家不断对汽油质量做出越来越严格的规定。通常，降低汽油中苯、硫、芳烃、烯烃含量，降低雷德蒸汽压，并在汽油中添加含氧化合物，可以减少汽车尾气中污染物的排放。

此外，采用吸附脱硫技术、催化蒸馏脱硫技术、选择性加氢脱硫工艺、在重整装置中增加苯抽提工艺等都能有效减少汽油中硫、苯、芳烃的含量，提高汽油的品质，改善汽油的质量，从而降低汽车尾气中有害物质的排放量，减轻汽车尾气的危害。

4.6.2.4　替代原料技术

常见的替代原料有燃料电池、燃气（天然气、液化石油气）、乙醇汽油、生物柴油等。

A　燃料电池

燃料电池是一种新型的无污染、无噪声的汽车动力源，它可不经过燃烧而直接将燃料的化学能转化为电能。其可靠性高，适用性强，能量转换效率高，污染小，噪声低。

B　燃气（天然气、液化石油气）

采用清洁燃料治理汽车尾气污染，天然气、液化石油气是汽车燃料的理想替代物。它们在发动机内可以充分燃烧，汽车发动机不必作大的改动就可直接使用，使汽车所排放的污染成分大大低于汽油发动机和柴油车。近年来由于环境保护的压力和能源危机的影响，燃气汽车得到世界上大多数国家政府的重视支持。日本已决定从2000年开始，在国内大量推广燃气汽车。其他燃气汽车生产大国，如德国、法国等也不甘落后，纷纷开始研制开发新型的燃气汽车。大量的研究表明，汽车采用燃气后，尾气排放污染会显著降低，且成本费用低，安全性高，使用性能好。

C　乙醇汽油

将乙醇进一步脱水再加上变性剂后生成变性燃料乙醇。所谓车用乙醇汽油就是把变性燃料乙醇和汽油以一定比例混配制成的一种汽车燃料。乙醇可以有效改善油品的性能和质量，降低一氧化碳、碳氢化合物等主要污染物排放。它不影响汽车的行驶性能，还减少有害气体的排放量。乙醇汽油作为一种新型清洁燃料，是目前世界上可再生能源的发展重点，符合我国能源替代战略和可再生能源发展方向，技术上成熟，安全可靠，在我国完全适用，具有较好的经济效益和社会效益。

D 生物柴油

生物柴油是一种可再生的能源，它是由任何天然的油脂和甲醇（或乙醇）经过化学方法加工而成的，它可以直接在柴油机上使用（B100）或与柴油以任意比例混合使用（B20）。

使用生物柴油能减少温室气体排放，降低空气污染。另外，生产和使用生物柴油对发展国内经济、减少石油供给的需求、实现可持续发展等方面都有积极作用。美国最初的兴趣是以大豆油作为生物柴油的原料，许多欧洲国家关注的是菜籽油。赤道气候国家对可可脂和棕榈油更感兴趣。日本则以废食用油作为生物柴油的原料。美国、德国和澳大利亚等已制定了生物柴油的品质标准。

思 考 题

4-1 目前常用的除尘技术都有哪些？以其中之一说明其作用原理。

4-2 什么是干法脱硫、湿法脱硫？简述其基本原理及工艺流程。

4-3 SNCR 与 SCR 有何不同？各自的机理是什么？

4-4 什么是二氧化碳捕集？捕集原理是什么？捕集方式都有哪些？

参 考 文 献

[1] 马广大. 大气污染控制技术手册 [M]. 北京：化学工业出版社，2010.

[2] 马广大. 大气污染控制工程 [M]. 北京：中国环境科学出版社，2004.

[3] 蒋展鹏，杨宏伟. 环境工程学 [M]. 北京：高等教育出版社，2013.

[4] 王纯，张殿印. 除尘设备手册 [M]. 北京：化学工业出版社，2009.

[5] 朱建波. 电除尘器 [M]. 北京：中国电力出版社，2010.

[6] 王俊民. 电除尘工程手册 [M]. 北京：中国标准出版社，2007.

[7] 竹涛，徐东耀，于妍. 大气颗粒物控制 [M]. 北京：化学工业出版社，2013.

[8] 张晖，吴春笃. 环境工程原理 [M]. 武汉：华中科技大学出版社，2011.

[9] 燕中凯，刘媛. 国家重点环境保护实用技术及示范工程汇编 [M]. 北京：中国环境出版社，2013.

[10] 黄玉伟，唐先武. 华能北京热电厂每年捕集二氧化碳3000吨 [N]. 科技日报，2007 (003).

[11] 葛介龙，张佩芳，周钧忠，等. 几种半干法脱硫工艺机理的探讨 [J]. 环境工程，2005，23 (4)：49~52.

[12] 葛能强，邵永春. 湿式氨法脱硫工艺及应用 [J]. 硫酸工业，2006 (6)：10~15.

[13] 李新春，孙永斌. 二氧化碳捕集现状和展望 [J]. 能源技术经济，2010，22 (4)：21~26.

[14] 黄斌，许世森，郜时旺．环能北京热电厂CO_2捕集工业试验研究 [J].中国电机工程学报，2009，29（17）：14~20.

[15] 王文龙，崔琳，马春元．干法半干法脱硫灰的特性与综合利用研究 [J].电站系统工程，2005，21（5）：27~29.

[16] 蒋文举，毕列锋，李旭东．生物法废气脱硝研究 [J].环境科学，1999，20（3）：34~37.

[17] 胡满银，赵毅，刘忠．除尘技术 [M].北京：化学工业出版社，2006.

[18] 岳菲菲，房姗姗．烟气同时脱硫脱硝技术进展研究 [J].环境科学与管理，2016，41（4）：57~60.

[19] 中国环境保护产业协会电除尘委员会．电除尘行业 2015 年发展综述 [J].中国环保产业，2016（7）：16~25.

[20] 邢延峰．大气颗粒物污染危害及控制技术 [J].资源节约与环保，2016（4）：122.

[21] 安洪光．佟义英．赵荧等．燃气电厂烟气CO_2捕集工艺实践 [J].中国电力．2016，49（9）：175~180.

5 固体废物处理

实习目的

　　本实习以生活垃圾卫生填埋场为实习基地，初步掌握固体废物的分级分类，了解垃圾填埋场的处理流程、防渗措施与技术原理、渗滤液的处理处置措施。在实习过程中，巩固已学知识，拓展实际工程知识面，提升实践能力。

实习内容

　　（1）了解垃圾分类和垃圾处理、处置的常见方法。

　　（2）了解城市垃圾转运系统的基本流程以及生活垃圾特点。

　　（3）掌握垃圾转运站处理流程与设备的内部结构及特点。

　　（4）掌握垃圾堆肥厂处理流程，主要处理单元原理和内部结构，掌握工作原理及技术性能指标。

　　（5）掌握垃圾填埋场工作原理及技术性能指标。

　　（6）了解垃圾填埋场的实际工程案例。

　　（7）了解垃圾防渗系统结构与原理。

　　固体废物，是指在生产、生活和其他活动中产生的丧失原有利用价值或者虽未丧失利用价值但被抛弃或者放弃的固态、半固态和置于容器中的气态的物品、物质，以及法律、行政法规规定纳入固体废物管理的物品、物质。

　　应当强调指出的是，固体废物的"废"具有时间和空间的相对性。在此生产过程或此方面可能是暂时无使用价值的，但并非在其他生产过程或其他方面无使用价值。

　　此外，固体废物还具有一些特性，如产生量大、种类繁多、性质复杂、来源分布广泛，并且一旦发生了由固体废物所导致的环境污染，其危害具有潜在性、长期性和不易恢复性。因此，其处理与处置一直受到各级政府、科技界、产业界和环境保护企业界的重视。

5.1　固体废物分类、收集、转运

　　固体废物具有产生量大、种类繁多、性质复杂的特性，处理起来非常困难，固体废物进行分类对于处理过程有重要意义。

固体废物的收集与转运是连接废物产生源和处理处置系统的重要中间环节，在固体废物管理和处理工程中占有非常重要的地位。

5.1.1　固体废物的分类

固体废物来源广泛，种类繁多，组分复杂，分类方法亦有多种。为了便于管理，通常按其来源分类，在我国的《中华人民共和国固体废物污染环境防治法》中将固体废物分为城市生活垃圾、工业固体废物和危险废物三大类。考虑到我国是农业大国，而且目前我国农业废弃物的数量已超过工业废物，对环境的污染越来越严重，有必要把它单独列出。因此，将固体废物分为城镇生活垃圾、工业固体废物、农业固体废物和危险废物等四大类，它们的来源及其主要物质组成列于表 5-1。

表 5-1　固体废物的分类、来源和主要组成物

分类	来源	主要组成物
城镇生活垃圾	居民生活	指日常生活过程中产生的废物。如食品垃圾、纸屑、衣物、庭院修剪物、金属、玻璃、塑料、陶瓷、炉渣、碎砖瓦、废弃物、粪便、杂品、废旧电器等
	商业、机关	指商业、机关日常工作过程中产生的废物。如废纸、食物、管道、碎砌体、沥青及其他建筑材料、废汽车、废器具，含有易爆、易燃、腐蚀性、放射性的废物，以及类似居民生活厨房类的各类废物等
	市政维护与管理	指市政设施维护和管理过程中产生的废物。如碎瓦片、树叶、污泥、脏土等
工业固体废物	冶金工业	指各种金属冶炼和加工过程中的废物。如高炉渣、钢渣、铜铅镉汞渣、赤泥、废矿石、烟尘、各种废旧建筑材料等
	矿业	各类矿物开发、利用加工过程中产生的废物。如废矿石、煤矸石、粉煤灰、烟道灰、炉渣等
	石油与化学工业	指石油炼制及其产品加工、化学品制造过程中产生的固体废物。如废有机、浮渣、含油污泥、炉渣、碱渣、塑料、橡胶、陶瓷、纤维、沥青、油毡、石棉、涂料、废催化剂和农药等
	轻工业	指食品工业、造纸印刷、纺织服装、木材加工等轻工部门产生的废物。如各类食品糟渣、废纸、金属、皮革、塑料、橡胶、布头、线、纤维、染料、刨花、锯末、碎木、化学药剂、金属填料、塑料填料等

分类	来源	主要组成物
工业固体废物	机械、电子工业	指机械加工、电器制造及使用过程中产生的废物。如金属碎料、铁屑、炉渣、模具、润滑剂、酸洗剂、导线、玻璃、木材、橡胶、塑料、化学药剂、研磨料、陶瓷、绝缘材料以及废旧汽车、冰箱、电视、电扇等
	建筑行业	指建筑施工、建材生产和使用过程中产生的废物。如钢筋、水泥、黏土、陶瓷、石膏、砂石、砖瓦、纤维板等
	电力行业	指电力生产和使用过程中产生的废物。如煤渣、粉煤灰、烟道灰等
农业固体废物	种植业	指作物种植生产过程中产生的废物。如稻草、麦秆、玉米秆、落叶、根茎、烂菜、废农膜、农用塑料、农药等
	养殖业	指动物养殖生产过程中产生的废物。如畜禽粪便、死禽死畜、死鱼死虾、脱落的羽毛等
	农副产品加工业	指农副产品加工过程中产生的废物。如畜禽内容物、鱼虾内容物、未被利用的菜叶、菜梗、稻壳、玉米芯、瓜皮、贝壳等
危险废物	核工业、化学工业、医疗单位、科研单位等	主要来自核工业、核电站、化学工业、医疗单位、制药业、科研单位等产生的废物。如放射性废渣、粉尘、污泥等，医院使用过的器械和产生的废物、化学药剂、制药厂废渣、废弃农药、炸药、废油等

5.1.2 城市垃圾的收集与转运

生活垃圾收运是垃圾处理系统中重要的一个环节，其费用占整个垃圾处理系统的 60%~80%。生活垃圾收运并非单一阶段操作过程，通常包括三个阶段：

第一阶段是从垃圾发生源到垃圾桶的过程，即搬运与贮存（简称运贮）。

第二阶段是垃圾的清除（简称清运），通常指垃圾的近距离运输。清运车辆沿一定路线收集清除贮存设施（容器）中的垃圾，并运至垃圾转运站，有时也可就近直接送至垃圾处理处置场。

第三阶段为转运，特指垃圾的远距离运输，即在转运站将垃圾转载至大容量运输工具并运往远处的处理处置场。

后两个阶段需应用最优化技术，将垃圾源分配到不同的处置场，使成本降到最低。对生活垃圾的短途运输要求做到封闭化、无污水渗漏运输、低噪声作业，外形清洁、美观，提高车辆的装载量，以实现满载、清洁、无污染的垃圾收集运输。

5.1.2.1　垃圾的收集方式

现行的生活垃圾收集方式主要分为混合收集和分类收集两种类型。

A　混合收集

混合收集指未经任何处理的原生固体废物混杂在一起的收集方式，应用广泛，历史悠久。

它的优点是比较简单易行，运行费用低。但这种收集方式将全部生活垃圾混合在一起收集运输，增大了生活垃圾资源化、无害化的难度。

它的缺点有两点：首先垃圾混合收集容易混入危险废物如废电池、日光灯管和废油等，不利于对危险废物的特别环境管理，并增大了垃圾无害化处理的难度；其次，混合收集造成极大的资源浪费和能源浪费，各种废物相互混杂、黏结，降低了废物中有用物质的纯度和再利用价值，降低了可用于生化处理和焚烧的有机物资源化和能源化价值，混合收集后再利用（分选）又浪费人、财、物力。因此，混合收集被分类收集所取代是收运方式发展的趋势。

B　分类收集

分类收集是生活垃圾收集方式的重要内容之一，其定义为根据垃圾的不同成分及处理方式，在源头对生活垃圾进行分类收集。

这种方式可以提高回收物资的纯度和数量，减少需要处理的垃圾量，有利于生活垃圾的资源化和减量化，可以减少垃圾运输车辆、优化运输线路，从而提高生活垃圾的收运效率，并有效降低管理成本及处理费用。

对垃圾分类收集在一些试点城市推行的经验总结表明，市民对于垃圾分类收集积极性不高，要在全国范围内开展垃圾分类收集，需要因地制宜，增强政策扶持，完善垃圾处理系统，加大教育宣传，提高市民的垃圾分类收集意识和积极性。

5.1.2.2　垃圾的清运方式

垃圾的清运方式分为两种，拖曳容器操作方法和固定容器操作方法。

A　拖曳容器操作方法

拖曳容器操作方法是指将某集装点装满的垃圾连容器一起运往转运站或处理处置场，卸空后再将空容器送回原处或下一个集装点，其中前者称为一般操作法，后者称为修改工作法。拖曳容器操作方法分为传统模式与交换容器模式，如图 5-1 和图 5-2 所示，每一模式均表明一辆收集运输车一个工作日内全部操作运行过程。

这种收集方法适用于垃圾产率较高的区域，优点是可以减少人工装、卸车时间，可以采取不同容积的容器，以适用于不同类型垃圾的装运。缺点是大型容器人工装卸时易导致较低的容积效率，因此需建造站台与装载坡道，以便压实。在远距离运送可压缩性废物时，容积利用率是影响操作费用的主要因素。

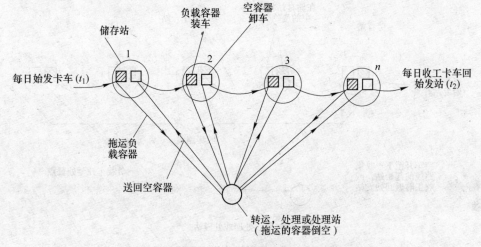

图 5-1 拖曳容器操作法的传统操作运行模式

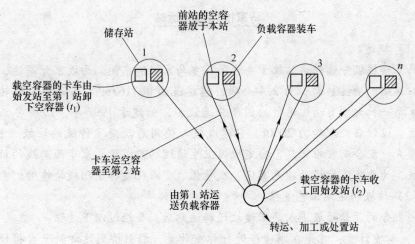

图 5-2 拖曳容器操作法的交换容器模式

B 固定容器操作方法

固定容器收集操作法是指用垃圾车到各容器集装点装载垃圾，容器倒空后放回原处，车子开到下一个收集点重复操作，直至垃圾车装满后运往转运站或处理处置场。收集车一般装有压实装置，待垃圾装满压实后，运送至处理中心或转运站。这种方法比较灵活多变、方便，车辆可大可小，但装卸工作卫生条件稍差。影响固定容器收集法成本的关键因素是一次行程中的装车时间。机械装车和人工装车时间长短不同。图5-3描述了固定容器操作模式，表明一辆收集运输车往返一次的全部操作运行过程。

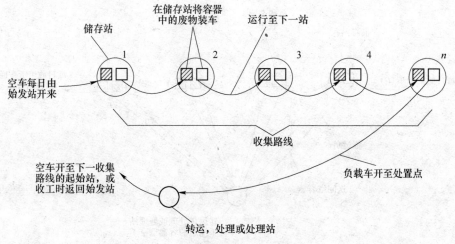

图5-3　固定容器操作方法运行模式

马家楼垃圾转运站

（1）概述。

马家楼垃圾分选转运站位于丰台区花乡马家楼桥东侧。西近京开高速，南面是南四环路。场区总面积为2.4公顷，总建筑面积7167m²。马家楼垃圾转运站是国家第一批大型自动化运行的固废分选设施，始建于1997年，1998年正式开始使用，设计日处理能力2000t。它建成投入使用后改变了传统的垃圾"搬家"处理模式，配合南宫堆肥厂、安定垃圾卫生填埋场组成了北京市西南线的垃圾处理系统，为北京市垃圾处理无害化、减量化、资源化发挥了积极的作用。

（2）垃圾转运站工艺流程。

当混合的原始垃圾进入马家楼垃圾转运站后，会经过以下过程。

1）称重计量：首先在地磅房进行称重计量，经引桥到达卸料平台将垃圾卸入料仓，再次进行称重计量实现双向称重。

2）卸入料仓：经过再次称重的垃圾，再经引桥到达卸料平台将垃圾卸入料仓。卸料过程是通过板式传送带，并没有紧急卸料口，以应对突发情况。

3）人工分选垃圾：垃圾经过仰角30°皮带运至滚筒筛（一级筛），其间在皮带上有手工分检，工作人员会检出大件垃圾。

4）机械分选垃圾：在滚筒筛内，粒径大于80mm的垃圾将被分离出，经过磁选将铁质垃圾回收利用，余下的一部分垃圾进入压缩箱进行压缩。

粒径大于80mm的粒径会经过风选，选出塑料，塑料会被制为塑料颗粒实现塑料的回收利用，粒径小于80mm的垃圾经过磁选，通过皮带进入振动筛，振动筛将垃圾分选为小于15mm和15mm~18mm之间。小于15mm的垃圾运往安定填埋厂，作为覆盖土填埋；15~18mm之间的垃圾因富含有机物，被运往南宫堆肥厂堆肥。

马家楼垃圾转运站工艺流程如图5-4所示。

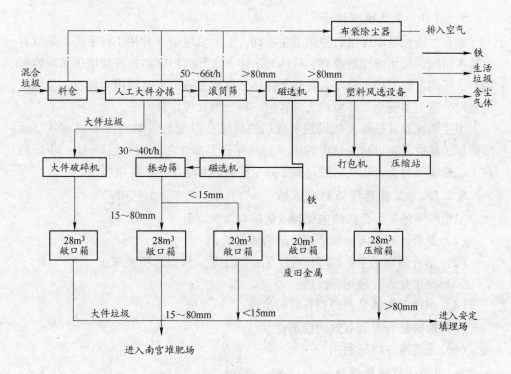

图5-4 马家楼垃圾转运站工艺流程

5）防尘除臭：料仓周围设置风幕，利用内外压差挡住内部臭气逸出，同时加大站区周围除臭剂喷洒力度（且该除臭剂为植物除臭剂，对人体无害），以降低对周围环境的影响。

6）节能环保：2007年建设了污水处理和沼气利用系统。渗滤液日处理能力60t，采用生物预处理加膜处理工艺方法，渗滤液处理后用于站内降尘和室内冲洗，沼气作为清洁燃料供给职工食堂和职工浴室热水锅炉。

5.2 生活垃圾卫生填埋场

生活垃圾卫生填埋场指的是用于处理处置城市生活垃圾的，带有阻止垃圾渗滤液泄漏的人工防渗膜，带有渗滤液处理或预处理设施设备，运行、管理及维护、最终封场关闭符合卫生要求的垃圾处理场地。

　　填埋技术作为生活垃圾的最终处置方法，目前仍然是中国大多数城市解决生活垃圾出路的主要方法。

5.2.1　垃圾填埋场简介

5.2.1.1　卫生填埋概念

　　现在生活垃圾填埋推行使用卫生填埋，卫生填埋是"利用工程手段，采取有效技术措施，防止渗滤液及有害气体对水体和大气的污染，并将垃圾压实减容至最小，填埋占地面积也最小。在每天操作结束或每隔一定时间用土覆盖，使整个过程对公共卫生安全及环境均无危害的一种土地处理垃圾方法"。

　　卫生填埋通常是每天把运到填埋场的垃圾在限定的区域内铺散成 $40 \sim 75 cm$ 的薄层，然后压实以减少垃圾的体积，并在每天操作之后用一层厚 $15 \sim 30 cm$ 的黏土或粉煤灰覆盖、压实后就得到了一个完整的封场了的卫生填埋场。

5.2.1.2　卫生填埋场判断依据

　　卫生填埋场是否合格的主要判断依据有以下六条：

　　（1）是否达到了国家标准规定的防渗要求；

　　（2）是否落实了卫生填埋作业工艺，如推平、压实、覆盖等；

　　（3）污水是否处理达标排放；

　　（4）填埋场气体是否得到有效的治理；

　　（5）蚊蝇是否得到有效的控制；

　　（6）是否考虑终场利用。

5.2.1.3　填埋场选址

　　由于填埋场选址非常困难，一般填埋场合理使用年限不少于 10 年，特殊情况下不少于 8 年，但越长越好。应选择填埋库容量大的场址，单位库区面积填埋容量大，单位库容量投资小，投资效益好。

　　填埋体垃圾的初始密度，因填埋操作方式、废物组成、压实程度等因素不同而异，一般介于 $300 \sim 800 kg/m^3$ 之间。在最终填埋之前，垃圾的分类收集，有用物质的回用，将有效延长填埋场的使用年限，并对垃圾压实密度产生重要影响。图 5-5 为典型垃圾填埋场工作示意图。

5.2.1.4　填埋场的容积计算

　　填埋场库容和面积的设计除考虑废物的数量外，还与废物的填埋方式、填埋高度、废物的压实密度、覆盖材料的比率等因素有关。如果以当地土壤为覆盖材料，则垃圾与覆土材料之比为 (5∶1)～(4∶1)，但目前绝大部分填埋场采用膜覆盖，节省了大量填埋空间，也有利于控制蚊蝇和异味。压实后的垃圾容重为

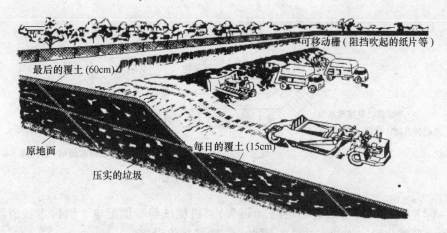

图 5-5 典型垃圾填埋场工作示意图

$500 \sim 800 kg/m^3$。因此，垃圾卫生填埋场的容积可用下式计算：

$$V = 365 \frac{WP}{D} + C \tag{5-1}$$

$$A = \frac{V}{H} \tag{5-2}$$

式中　V——垃圾的年填埋体积，m^3；

W——垃圾的产率，$kg/(人 \cdot d)$；

P——城市人口数量，人；

D——填埋后垃圾的压实密度，kg/m^3；

C——覆土体积，m^3；

A——每年需要的填埋面积，m^3；

H——填埋高度，m。

5.2.2　填埋场工程

卫生填埋场主要包括垃圾填埋区、垃圾渗滤液处理区（简称污水处理区）和生活管理区三部分。随着填埋场资源化建设总目标的实现，它还将包括综合回收区。图 5-6 为卫生填埋场剖面图。

5.2.2.1　卫生填埋场的建设项目

卫生填埋场的建设项目可分为填埋场主体工程与装备、配套设施和生产、服务设施三大类。

（1）填埋场主体工程与装备包括场区道路、场地整治、水土保持、防渗工程、坝体工程、洪雨水及地下水导排、渗滤液收集处理和排放、填埋气体导出及收集利用、计量设施、绿化隔离带、防飞散设施、封场工程、监测井、填埋场压实设备、推铺设备、挖运土设备等。

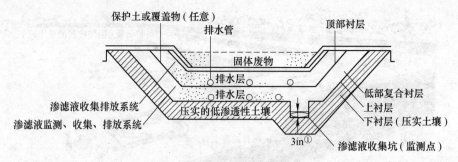

图 5-6　卫生填埋场剖面图

（2）配套设施包括进场道路（码头）、机械维修、供配电、给排水、消防、通信、监测化验、加油、冲洗、洒水、节能减排等设施。

（3）生产、生活服务设施包括办公、宿舍、食堂、浴室、交通、绿化等。

5.2.2.2　填埋工艺

垃圾运输进入填埋场，经地衡称重计量，再按规定的速度、线路运至填埋作业单元，在管理人员指挥下，进行卸料、推平、压实并覆盖，最终完成填埋作业。其中推铺由推土机操作，压实由垃圾压实机完成。每天垃圾作业完成后，应及时进行覆盖操作，填埋场单元操作结束后及时进行终场覆盖，以利于填埋场地的生态恢复和终场利用。此外，根据填埋场的具体情况，有时还需要对垃圾进行破碎和喷洒药液。典型工艺流程如图 5-7 所示。

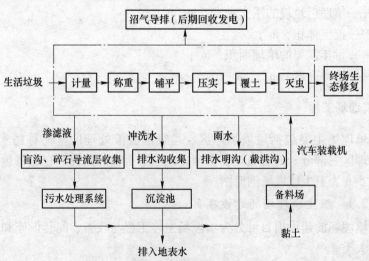

图 5-7　垃圾填埋场工艺流程

由于填埋区的构造不同，不同填埋场采用的具体填埋方法也不同。比如在地下水位较高的平原地区一般采用平面堆积法填埋垃圾，在山谷型的填埋场可采用倾斜面堆积法；在地下水位较低的平原地区可采用掘埋法，在沟壑、坑洼地带的填埋场可采用填坑法填埋垃圾。实际上，无论何种填埋方法，均由卸料、推铺、压实和覆土四个步骤构成，其余还包括杀虫等步骤。

A 卸料

采用填坑作业法卸料时，往往设置过渡平台和卸料平台。而采用倾斜面作业法时，则可直接卸料。

B 推铺

卸下的垃圾的推铺由推土机完成，一般每次垃圾推铺厚度达到 30~60cm 时，进行压实。

C 压实

压实是填埋场填埋作业中一道重要的工序，填埋垃圾的压实能有效地增加填埋场的容量，延长填埋场的使用年限及对土地资源的开发利用；能增加填埋场强度，防止坍塌，并能阻止填埋场的不均匀性沉降；能减少垃圾空隙率，有利于形成厌氧环境，减少渗入垃圾层中的降水量及蝇、蛆的滋生，也有利于填埋机械在垃圾层上的移动。

D 覆土或膜覆盖

卫生填埋场与露天垃圾堆放场的根本区别之一就是卫生填埋场的垃圾除了每日用一层土或其他覆盖材料覆盖以外，还要进行中间覆盖和最终覆盖。

日覆盖的作用：改善道路交通，改进景观，减少恶臭，减少风沙和碎片（如纸、塑料等），减少疾病通过媒介（如鸟类、昆虫和鼠类等）传播的危险，减少火灾危险等。

中间覆盖常用于填埋场的部分区域需要长期维持开放（2 年以上）的特殊情况，要求覆盖材料的渗透性能较差，一般选用黏土等进行中间覆盖，覆盖厚度为 30cm 左右。

中间覆盖的作用：将可以防止填埋气体的无序排放，防止雨水下渗，将层面上的降雨排出填埋场外等。

终场覆盖的目的：防止雨水大量下渗而增加渗滤液处理的量、难度和投入。避免有害气体和臭气直接释放到空气中。避免有害固体废物直接与人体接触。防止或减少蚊蝇的滋生。封场覆土上栽种植被，进行复垦或作其他用途。

E 杀虫

当填埋场温度条件适宜时，幼虫在垃圾层被覆盖之前就能孵出，以致在倾倒区附近出现一群群的苍蝇。填埋场的蝇密度以新鲜垃圾处为最多，应作为灭蝇的重点。灭蝇药物中混剂相对于单剂具有明显的增效作用，但药物的使用会给环境带来一定的污染，因此需掌握药物传播途径，正确使用药剂，控制药剂污染，尽可能减少药剂使用。

安定垃圾卫生填埋场

（1）填埋场概况。

安定卫生填埋场（图5-8）于1995年11月建设，1996年底投入使用，是北京市大型现代化垃圾卫生填埋场之一。一期占地面积21.6公顷，设计日处理能力为700t；二期占地27.66公顷，日处理垃圾规模1400t，填埋年限为16年，填埋前期将在原场地南侧进行填埋，填至30m高（与原场同高），后期在两个场地中间部分继续填埋，直至70m高后封顶。填埋采用改良间歇式厌氧卫生填埋工艺。

图5-8　安定垃圾卫生填埋场现场图

（2）工艺流程。

安定卫生填埋场工艺流程图如图5-9所示。

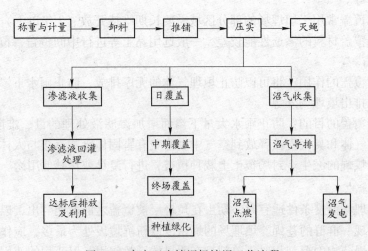

图5-9　安定卫生填埋场填埋工艺流程

1）称重计量：垃圾进入安定垃圾填埋场后，首先经过地磅称重计量（采用双向称重），然后放置在黑白交换区。

2）卸料：在黑白交换区，由场内作业车辆运至填埋区指定地点卸料。卸料时倾斜的垃圾要有序堆放，而且检查垃圾中有无异常垃圾。

3）摊铺：卸料后进行摊铺，利用上推法或下推法进行分层摊铺，且垃圾摊铺层厚度不应超过1m，0.6~0.8m为宜。

4）压实：摊铺后的垃圾使用专用压实机械压实使垃圾摊铺层上面及侧面连续数遍被辗压到0.3~0.4m厚的垃圾。压实后排水坡度应大于3%。

5）覆盖：经过压实的垃圾将要进行覆盖。

6）灭蝇：覆盖后堆体应进行灭蝇工作，以6月份最重，采用人工与机械结合喷洒药物方式进行。

阿苏卫卫生填埋场

（1）概况。

北京市阿苏卫垃圾填埋场（图5-10）是北京最大的垃圾处理厂，原位于昌平区百善乡，现扩为昌平区小汤山镇。从1986年开始修建，1994年投入运营，占地26公顷，后扩为60.4公顷，原设计垃圾填埋总量为1200万立方米，使用寿命为17年，每日处理垃圾能力为2000t，承担着北京市东城区、西城区及中南海、国务院、昌平小汤山等七个地区的全部生活垃圾的处理任务，服务人口为200余万人。但后来每天处理垃圾量达到3500t，这些垃圾包括来自朝阳区、顺义区和昌平区的商业垃圾。

图5-10 阿苏卫填埋场现场图

（2）填埋工艺。

阿苏卫填埋场的工艺流程图如图5-11所示。

雨季垃圾含水量大，填埋区卸车困难，可以在渣土路面或钢板箱、路箱上向填埋分区单元卸车，压实机可在分区单元内作业，路堤起到隔离作业单元区与非

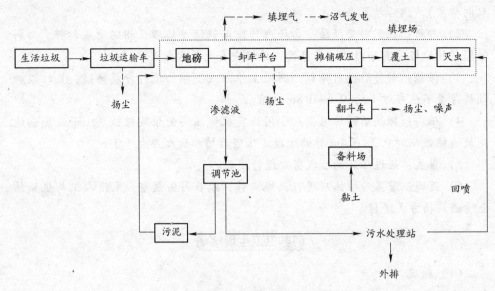

图 5-11　阿苏卫填埋场工艺流程

作业单元区的作用，实现清污分流，减少垃圾渗滤液产量，填埋作业按照摊铺、压实、覆盖方式进行。

冬天的垃圾由于含水量小，用来做垃圾坝，垃圾坝的间距为 80m。该填埋区的防飞散网建在下风向，防飞散网高 10m，长 1300m。

除日常覆盖外，使用新型材料 HDPE（高密度聚乙烯）膜进行中期覆盖，有效减少垃圾暴露面，很大程度上减少黄土的使用量。

5.2.3　防渗系统

场底防渗系统是防止填埋气体和渗滤液污染并防止地下水和地表水进入填埋区的重要设施。场底防渗系统主要有水平防渗系统和垂直防渗系统两种类型。

5.2.3.1　垂直防渗系统

填埋场的垂直防渗系统是根据填埋场的工程、水文地质特征，利用填埋场基础下方存在的独立水文地质单元、不透水或弱透水层等，在填埋场一边或周边设置垂直的防渗工程（如防渗墙、防渗板、注浆帷幕等），将垃圾渗滤液封闭于填埋场中进行有控制的导出，防止渗滤液向周围渗透污染地下水和填埋场气体无控释放，同时也有阻止周围地下水流入填埋场的功能。

根据施工方法的不同，通常采用的垂直防渗工程有土层改性法防渗墙、打入法防渗墙和工程开挖法防渗墙等。目前，垂直防渗技术已经不再用于新建填埋场的防渗。

5.2.3.2 人工水平防渗系统

人工防渗是指采用人工合成有机材料（柔性膜）与黏土结合作为防渗衬层的防渗方法。根据填埋场渗滤液收集系统、防渗系统和保护层、过滤层的不同组合，一般可分为单层衬层防渗系统、单复合衬层防渗系统、双层衬层防渗系统和双复合衬。

在填埋场衬层设计中，HDPE 膜通常用于单复合衬层防渗系统、双层衬层防渗系统和双复合衬层防渗系统的防渗层设计，除特殊情况外，HDPE 膜一般不单独使用，因为需要较好的基础铺垫，才能保证 HDPE 膜稳定、安全而可靠地工作。图 5-12 为单层 HDPE 膜防渗示意图，图 5-13 为双层 HDPE 膜防渗示意图。

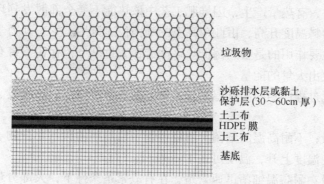

图 5-12　单层 HDPE 膜防渗示意图

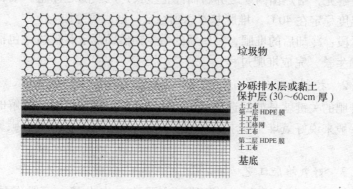

图 5-13　双层 HDPE 膜防渗示意图

5.3　生活垃圾堆肥

堆肥是利用含有肥料成分的动植物遗体和排泄物，加上泥土和矿物质混合堆积，在高温、多湿的条件下，经过发酵腐熟、微生物分解而制成的一种有机肥料。可分为好氧堆肥和厌氧堆肥。由于厌氧堆肥具有堆制周期过长、产生异味、分解不够充分等缺点，因此现代堆肥工艺常采用好氧堆肥。

5.3.1 好氧堆肥

5.3.1.1 工艺原理

好氧堆肥是在有氧存在条件下，以好氧微生物为主，降解、稳定有机物的无害化处理方法。微生物通过自身的生命活动，把一部分被吸收的有机物氧化成简单的无机物，同时释放出可供微生物生长活动所需要的能量，另一部分有机物则被合成新的细胞物质，使微生物不断生长繁殖，产生出更多生物体。在有机物生化降解的同时，有热量产生，因堆肥工艺中该热能不会全部散发到环境中，就必然造成堆肥物料温度升高，由此耐高温的细菌快速繁殖。生态动力学表明，好氧分解中发挥主要作用的是嗜热菌群。该菌群在大量氧分子存在下将有机物氧化分解，同时释放出大量的能量。

好氧堆肥过程伴随两次升温过程，可分为三个阶段：起始阶段、高温阶段和熟化阶段。

起始阶段：不耐高温的细菌分解有机物中易降解的碳水化合物、脂肪等，同时释放热量使温度上升，温度可达 $15 \sim 40℃$。

高温阶段：耐高温细菌迅速繁殖，在有氧繁殖条件下，大部分难降解的蛋白质、纤维等继续被氧化分解，同时释放出大量热能，温度上升至 $60 \sim 70℃$。当有机物基本降解完，嗜热菌因缺乏养料而停止生长，产热随之停止。堆肥温度随之下降，当温度稳定在 $40℃$，堆肥基本达到稳定，形成腐殖质。

熟化阶段：冷却后的堆肥，一些新的微生物借助残余有机物（包括死后的细菌残体）而生长，完成堆肥过程。

5.3.1.2 控制参数

好氧堆肥的关键就是如何选择和控制堆肥条件，促使微生物降解的过程能顺利完成。一般来说好氧堆肥要求控制的参数有：含水率、供氧量、碳氮比、碳磷比、pH 值。

5.3.1.3 好氧堆肥工艺

好氧堆肥工艺由前处理、主发酵（亦可称一次发酵、一级发酵或初级发酵）、后发酵（亦可称二次发酵、二级发酵或次级发酵）、后处理、脱臭及贮存等工序组成。

A 前处理

生活垃圾中往往含有粗大垃圾和不可堆肥化物质，这些物质会影响垃圾处理机械的正常运行，降低发酵仓容积的有效使用，使堆温难以达到无害化要求，从而影响堆肥产品的质量。前处理的主要任务是破碎和分选，去除不可堆肥化物质，将垃圾破碎在 12~60mm 的适宜粒径范围。

B 主发酵

主发酵可在露天或发酵仓内进行，通过翻堆搅拌或强制通风来供给氧气，供给空气的方式随发酵仓种类而异。发酵初期物质的分解作用是靠嗜温菌（生长繁殖最适宜温度为 30~40℃）进行的。随着堆温的升高，最适宜温度 45~65℃ 的嗜热菌取代了嗜温菌，能进行高效率的分解，氧的供应情况与保温床的良好程度对堆料的温度上升有很大影响。然后将进入降温阶段，通常将温度升高到开始降低为止的阶段称为主发酵期。生活垃圾的好氧堆肥化的主发酵期为 4~12d。

C 后发酵

碳氮比过高的未腐熟堆肥施用于土壤，会导致土壤呈氮饥饿状态。碳氮比过低的未腐熟堆肥施用于土壤，会分解产生氨气，危害农作物的生长。因此，经过主发酵的半成品必须进行后发酵。后发酵可在专设仓内进行，但通常把物料堆积到 1~2m 高度，进行敞开式后发酵。为提高后发酵效率，有时仍需进行翻堆或通风。在主发酵工序尚未分解及较难分解的有机物在此阶段可能全部分解，变成腐殖酸、氨基酸等比较稳定的有机物，得到完全成熟的堆肥成品。后发酵时间通常在 20~30d 以上。

D 后处理

经过二次发酵后的物料中，几乎所有的有机物都被稳定化和减量化。但在前处理工序中还没有完全去除的塑料、玻璃、陶瓷、金属、小石块等杂物还要经过一道分选工序去除。可以用回转式振动筛、磁选机、风选机等预处理设备分离去除上述杂质，并根据需要进行再破碎（如生产精制堆肥）。也可以根据土壤的情况，将散装堆肥中加入 N、P、K 添加剂后生产复合肥。

E 脱臭

在堆肥化工艺过程中，会有氨、硫化氢、甲基硫醇、胺类等物质在各个工序中产生，必须进行脱臭处理。去除臭气的方法主要有化学除臭及吸附剂吸附法等。经济实用的方法是熟堆肥氧化吸附的生物除臭法。将源于堆肥产品的腐熟堆肥置入脱臭器，堆高 0.8~1.2m，将臭气通入系统，使之与生物分解和吸附及时作用，其氨、硫化氢去除效率均可达 98% 以上。

F 储存

堆肥一般在春秋两季使用，在夏冬两季就需积存，因此，一般的堆肥化工厂有必要设置至少能容纳 6 个月产量的贮藏设施，以保证生产的连续进行。

5.3.2 厌氧堆肥

厌氧堆肥也称"厌氧发酵堆肥"，是废物在厌氧的条件下通过微生物的代谢活动未被稳定化，同时伴有甲烷和二氧化碳的产生。厌氧发酵时有机物的分解速度缓慢，制作堆肥需要数个月时间。发酵周期长、占地面积大，但产生的甲烷可收集作能源利用。

在厌氧条件下分解有机物的过程，可分为两个阶段：产酸阶段和产气阶段。由于厌氧堆肥应用较少，故不在此作过多介绍。

南宫堆肥厂

（1）概况。

南宫堆肥厂（现场图如图 5-14 所示）位于大兴区瀛海镇，占地面积 6.6 公顷。南宫堆肥厂始建于 1996 年，1998 年开始试运行，原设计日处理能力为 400t/d，经过 2008 年、2009 年两次工艺改进，处理能力已经提升至 1000t 以上。南宫堆肥厂采用先进的强制通风隧道式好氧发酵技术处理垃圾，垃圾在发酵隧道内进行高温发酵，实现了垃圾处理的无害化。

图 5-14 南宫堆肥厂现场图

（2）堆肥厂工艺流程。

南宫堆肥厂堆肥工艺流程如图 5-15 所示。

1）垃圾进厂：进场垃圾（是用于堆肥的垃圾）密度一般为 $350\sim650kg/m^3$，有机物含量在 20%~80% 之间，含水率在 40%~60% 之间。不包含建筑垃圾、工业垃圾和有毒有害垃圾。当堆肥垃圾在地磅房进行称重计量后，进入卸料仓。

2）进料方法：经称重记录后的堆肥垃圾，在卸料仓末端设置了一个布料滚筒，然后进入中央传送带，中央传送带通过布料机为空隧道布料。

3）隧道布料：隧道的进料是通过两个由人工控制的可自动伸缩的布料机完成。布料机可以伸缩至隧道，也可以左右摇摆，使布料均匀。来自中转站的中等粒径垃圾料高不超过 2.5m。

4）隧道发酵：南宫堆肥厂采用国际先进的好氧式高温堆肥发酵技术，垃圾在发酵舱内进行高温发酵。南宫堆肥厂共有 30 个 4m 宽，4m 高，27m 长的长酵

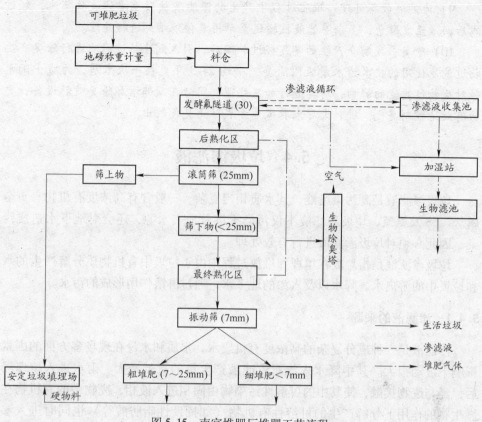

图 5-15　南宫堆肥厂堆肥工艺流程

仓，这里我们可以称之为隧道。垃圾在隧道中经过高温灭活，实现了无害化处理。

5）熟化阶段：经过 7 天的隧道发酵，垃圾被传送至后熟化平台，进入熟化阶段。

6）破碎筛分：通过 10 天的后熟化，垃圾由轮式装载机转运到安装在后熟化大厅的破碎机桶斗内，通过粉碎后通过螺旋，爬开皮带送至卸料斗内。然后通过爬开皮带机输送到滚筒筛内进行筛分。筛分成粒径大于 25mm 的筛上物及小于 25mm 的筛下物两部分。筛上物经各级传送带直接装箱后运往安定垃圾卫生填埋场进行填埋，筛下物被送到最终熟化区。

7）最终熟化：垃圾经过 10 天的强制通风发酵，在此阶段，垃圾中的有机物得到了进一步的降解，实现了垃圾的减量化。

8）机械筛分：经过最终熟化区产生的堆肥由装载机运送到弹跳筛筛分，经弹跳筛分选出细堆肥（粒径在 7mm 以下）、粗堆肥（粒径在 7~25mm），然后分别经过硬物料分选机将其中的硬物去除，以改善堆肥质量。

9）渗滤液收集处理：堆肥过程中产生的渗滤液被引至渗滤液收集池，经过滤后回灌至发酵仓，多余渗滤液被输送至草桥粪便消纳站进行处理。

10）除臭：发酵仓产生的臭气经过加湿后，引入到生物过滤池进行除臭。生物过滤池使用的技术为木屑吸附除臭，平均 2~3 年更换一次木屑，为减少雨水等对生物过滤池的影响，对其进行加盖处理，同时在顶部增加除臭喷淋设备，更为有效地控制臭气。进料大厅采取风幕方式防止臭气散出。

5.4　垃圾渗滤液

垃圾渗滤液是高污染废液，其水质相当复杂，一般含有高浓度有机物、重金属盐、SS 及氨氮，垃圾渗滤液不仅污染土壤及地表水源，还会对地下水造成污染，因此必须对垃圾渗滤液进行有效处理。

垃圾渗滤液是指垃圾在填埋和堆放过程中由于垃圾中有机物质分解产生的水和垃圾中的游离水、降水以及入渗的地下水，通过淋溶作用形成的污水。

5.4.1　渗滤液的来源

渗滤液是一种成分复杂的高浓度有机废水，水质和水量在现场多方面的因素影响下波动很大。其中降水入渗对渗滤液产生量的贡献最大。雨水进入填埋场后，经与废物接触，使其中的可溶性污染物由固相进入液相，废物中的有机物在微生物的作用下分解产生的可溶性有机物（如挥发性脂肪酸等）也同时进入渗滤液，使得渗滤液中含有大量有机和无机污染物。

5.4.2　渗滤液的特点

渗滤液的特点如下：

（1）有机物质量浓度较高。其中腐殖酸是小分子有机酸和氨基酸又合成的大分子产物，是渗滤液中最主要的长期性的有机污染物，通常有 200~1500mg/L 的腐殖酸不能被生物降解。

（2）氨氮质量浓度高。氨氮浓度一般小于 3000mg/L，在 500~2000mg/L 之间居多，其在厌氧垃圾填埋场内不会被去除，是渗滤液中长期性的最主要无机污染物。

（3）重金属含量大，色度高且恶臭。渗滤液含多种重金属离子，当工业垃圾和生活垃圾混埋时重金属离子的溶出量往往会更高。渗滤液的色度可高达 2000~4000 倍，并伴有极重的腐败臭味。

（4）微生物营养元素比例失衡。垃圾渗滤液中有机物和氨氮含量太高，但含磷量一般较低。

（5）垃圾渗滤处理水质波动大。COD、BOD、可生化性随填埋时间的增长而下降并逐渐维持在较低水平。

渗滤液特征与填埋场"年龄"关系见表5-2。

表 5-2　渗滤液在填埋场不同时期的水质参数

考察指标	5a（初期）	5~10a（中期）	>10a（晚期）
pH 值	<6.5	6.5~7.5	>7.5
COD/mg · L^{-1}	10000	<10000	<5000
COD/TOC	<2.7	2.0~2.7	>2.0
BOD_5/COD	≥0.5	0.1~0.5	<0.1
VFA/TOC	>0.7	0.05~0.7	<0.05

渗滤液水质的变化受垃圾组成、垃圾含水率、垃圾体内温度、垃圾填埋时间、填埋规律、填埋工艺、降雨渗透量等因素的影响，尤其受降雨量和填埋时间的影响。

5.4.3　渗滤液量的计算

在填埋场的实际设计与施工中，可采用由降雨量和地表径流量的关系式所推出的如下公式：

$$Q = CIA/1000 \tag{5-3}$$

式中　Q——渗滤液水量，m^3/d；

C——浸出系数（填埋区：0.4~0.6，封场区：0.2~0.4）；

I——降雨量，mm/d；

A——填埋面积，m^2。

5.4.4　渗滤液收集系统

渗滤液收集系统的主要功能是将填埋库区内产生的渗滤液收集起来，并通过调节池输送至渗滤液处理系统进行处理。渗滤液收集系统通常由导流层、收集沟、多孔收集管、集水池、提升多孔管、潜水泵和调节池等组成，如果渗滤液收集管直接穿过垃圾主坝接入调节池，则集水池、提升多孔管和潜水泵可省略，所有这些组成部分要按填埋场多年逐月平均降雨量（一般为20年）产生的渗滤液产出量设计，并保证该套系统能在初始运行期较大流量和长期水流作用的情况下运转而功能不受到损坏。

典型的渗滤液导排系统断面及其和水平衬垫系统、地下水导排系统的相对关系如图5-16所示。

5.4.5　渗滤液排放标准

生活垃圾填埋污染控制标准（GB16889—2008）代替了《生活垃圾填埋污染

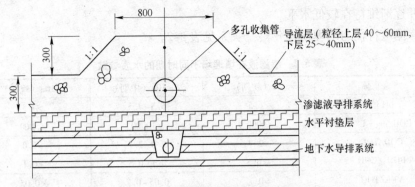

图 5-16　典型渗滤液导排系统断面图

控制标准》（GB16889—1997）。对生活垃圾填埋场从场址的选择、建设、运行与封场后的全过程中的污染控制提出了更加严格的要求。表 5-3 为新旧标准渗滤液处理后出水水质标准比较。

表 5-3　新旧标准渗滤液处理后出水水质标准比较

污 染 物	GB16889—2008	GB16889—1997		
		一级标准	二级标准	三级标准
$BOD_5/mg \cdot L^{-1}$	30	30	150	600
$COD/mg \cdot L^{-1}$	100	100	300	1000
氨氮/$mg \cdot L^{-1}$	25	15	25	—
悬浮物/$mg \cdot L^{-1}$	30	70	200	400
总氮/$mg \cdot L^{-1}$	40	—	—	—
总磷/$mg \cdot L^{-1}$	3	—	—	—
色度（稀释倍数）	40	—	—	—

5.5　渗滤液处理技术

卫生填埋场设计、运行、管理的核心就是要确保对周围环境的影响最小，最突出问题之一就是渗滤液排放对环境的不利影响，尤其是对地下水资源的污染。解决卫生填埋场渗滤液问题，除了在填埋场设计选址阶段，选择地下水位低或远离地下水源取水井和低渗透系数岩土结构的位置，其次就是要将渗滤液处理达标后再排放到水体，彻底消除渗滤液对环境影响的隐患。

5.5.1　渗滤液处理方法分类

渗滤液处理方法根据是否可以就近接入城市生活污水处理厂处理，相应分成两类，即合并处理与单独处理。

5.5.1.1 合并处理

所谓合并处理就是将渗滤液引入附近的城市污水处理厂进行处理，这也可能包括在填埋场内进行必要的预处理。这种方案是以在填埋场附近有城市污水处理厂为必要条件，若城市污水处理厂是未考虑接纳附近填埋场的渗滤液而设计的，其所能接纳而不对其运行构成威胁的渗滤液比例是很有限的。

虽然合并处理可以略微提高渗滤液的可生化性，但由于渗滤液的加入而产生的问题却不容忽视，主要包括污染物质如重金属在生物污泥中的积累影响污泥在农业上的应用，以及大部分有毒有害难降解污染物质并没有得到有效去除而仅仅是稀释过程后重新转移到排放的水体中，进一步构成对环境的威胁，因此，目前国外相当一部分专家不提倡合并处理，除非城市生活污水处理厂增加三级深度处理的工艺。

5.5.1.2 单独处理

所谓单独处理就是运用工艺单独处理渗滤液，而不合并到污水处理厂。合并处理法存在对环境的危害，随着环保意识的增加，单独处理渗滤液的工艺流程在目前得到了极大的重视。

以下介绍单独处理渗滤液所用工艺。

5.5.2 渗滤液处理工艺

5.5.2.1 垃圾渗滤液的处理技术分类

垃圾渗滤液的处理技术包括物化法、生物法以及土地处理系统。

物化法：一般用于预处理或者后处理，提高后续水质的生物处理效果以及保证达到排放标准。物化法主要有混凝沉淀法、氧化法、膜法、吸附法、氨吹脱法等。物化处理法不受水质水量等变化的影响，去除效果比较稳定，特别是膜法水处理技术在垃圾渗滤液处理中的应用，近年来在国内外得到越来越多的青睐。

物化法的缺点是处理费用比较高。相比之下，生物处理法比较经济，而且渗滤液中氨氮的去除通常需要采用生物法。因此，当前的垃圾渗滤液处理实际工程中特别是国内渗滤液处理基本都涉及生物处理工艺的应用。

生物法：包括好氧、厌氧及两者相结合的方法。好氧法有传统的活性污泥法、生物膜法、生物滤池法、曝气稳定塘等，鉴于垃圾渗滤液的成分复杂、难生物降解以及中晚期垃圾渗滤液可生化性比较差，好氧工艺常常配合厌氧前处理。厌氧法包括厌氧生物滤池（AF）、上流式厌氧污泥床（UASB）等。

土地处理法：在人工控制的条件下，通过土地-植物系统的生物和物化反应，使渗滤液得到净化。土地处理工艺有：慢速渗流系统（SR）、快速渗流系统（RI）、表面径流（OF）、湿地系统（WL）、地下渗滤土地处理系统（UG）及人工快滤系统（ARI）等。土地处理具有投资少、操作简单、运行费用低等优点，但对土壤和地下水安全有潜在威胁。

5.5.2.2　氨吹脱法

氨吹脱法采用物化法处理垃圾渗滤液。氨吹脱法是将渗滤液调节至碱性，然后在汽提塔中通入空气或蒸汽，通过气液接触将游离氨吹脱至大气中。一般渗滤液 C/N 较低，吹脱处理能够调节 C/N 比，降低后续渗滤液生化处理负荷的作用，所以吹脱法是处理高浓度氨氮废水常用的前处理工艺。

深圳下坪垃圾填埋场渗滤液处理工艺

下坪填埋场位于深圳市罗湖区与布吉镇交界处的下坪谷地。场区三面环山，山岭海拔 221~445m。场址距离时区边沿约 1500m，首期工程服务半径 9 公里。场区占地面积共 149 公顷，计划分三期建设：一期工程占地 63.4 公顷，库容 $1.5 \times 10^6 m^3$，服务年限 12 年；二期工程占地 55.8 公顷，库容 $1.2 \times 10^6 m^3$，服务年限 10 年；三期工程在考虑一、二期填埋区上部堆高 50~60m，增加库容 $2.0 \times 10^6 m^3$，服务年限约为 8 年。

深圳下坪垃圾填埋场采用调节池+氨吹脱+混凝沉淀+厌氧生物滤池+SBR 的工艺处理垃圾渗滤液，排放液达到国家垃圾渗滤液三级排放标准。某垃圾场和污水调节池现场图如图 5-17 所示。氨吹脱效率的影响因素主要是温度、pH 值及气水比，要达到较高的氨吹脱效率一般要求温度不低于 25℃，pH 值高于 10，气水比在 3000 以上。

a　　　　　　　　　　　　　　　　　　　b

图 5-17　下坪固体废物填埋场 D 单元（a）和污水调节池（b）

氨吹脱法存在问题：

（1）由于需要调节 pH 值，必须投加大量的碱。主要投加的碱有石灰或 NaOH，而 NaOH 价格比较高，且为了后续的生物处理，所需的 pH 值回调酸用量大，相对石灰比较便宜，但会导致吹脱塔结垢。研究表明，渗滤液中的有机配合物加重吹脱塔结垢问题，因此需要混凝前处理以去除渗滤液中有机配合物。

（2）为保证一定的吹脱效率，需要较高的气水比，处理费用偏高。

（3）氨吹脱只是将废水中的铵离子转化为游离氨，最后将之排放到大气中，如果排除的氨不经处理，将引起大气二次污染，大气中的氨氮通过气体沉积（60%）、气溶胶沉积（22%）、降雨（18%）等途径回归大地。因此氨吹脱工艺必须与氨气后处理工艺相结合。

（4）温度对氨吹脱影响较大，在低温情况下处理效果明显下降。

5.5.2.3 磷酸铵镁沉淀法

磷酸铵镁（MAP）沉淀法也称化学沉淀法，是向渗滤液中投加镁盐和磷酸盐，使 NH_4^+ 生成难溶盐 $MgNH_4PO_4 \cdot 6H_2O$（简称 MAP），通过重力沉淀，达到去除氨氮的目的。磷酸铵镁沉淀法一般作为垃圾渗滤液的预处理，后续接生物法及其他物化法对氨氮的去除率可以达到 70% 以上。

优点：处理速度快、效果好，反应不受温度限制，同时形成的磷酸铵镁沉淀是一种复合肥料，可以作为结构制品的阻燃剂，实现废物资源化。从可持续的角度出发，磷酸铵镁沉淀法作为垃圾渗滤液的脱氮预处理将优于氨吹脱法。

缺点：磷酸铵镁沉淀法需要向原水中源源不断地投加镁盐和磷酸盐，而磷酸盐的价格昂贵，巨大的投加量是造成运行费用高的根本原因。一般采用 $MgO+NaH_2PO_4$ 或 $MgCl_2+NaH_2PO_4$ 两种方案投加药剂。前者所需反应时间长，去除效果没有后者好，但后者给系统带来大量盐类，影响后续生物过程，且需要投加 NaOH 调节系统 pH 值以达到后续生物处理适宜的 pH 值。现在已有学者提出可以将得到的磷酸铵镁回收并分解，以重新得到镁盐和磷酸盐，达到镁盐和磷酸盐的循环利用。此外，如果能找到价廉高效的铵盐沉淀剂，则磷酸铵镁化学沉淀法除氨将是一种技术可行、经济合理的方法。

5.5.2.4 上流式厌氧污泥床

上流式厌氧污泥床（UASB）反应器是荷兰 Wageningen 农业大学的 Lettinga 等人于 1973~1977 年间研制成功的，当时在实验室的试验研究中，60L 的上流式厌氧污泥床反应器的处理效能很高，有机负荷率高达 $10kgCOD/(m^3 \cdot d)$。

UASB 作为一种高效厌氧反应器，采用悬浮生长微生物模式，独特的气液固三相分离系统与生物反应器集成于一空间，使得反应器内部能够形成大的、密实的、易沉降颗粒污泥，从而在反应器内的悬浮固体可达到 $20~30g/L$。UASB 生物反应器的大小受工艺负荷、最大升流速度、废水类型和颗粒污泥沉降性能等的影响，一般通过排放剩余污泥来控制絮体污泥和颗粒污泥的相对比例，反应器的 HRT 一般在 $0.2~2d$ 范围内，其容积负荷为 $2~25kgCOD/(m^3 \cdot d)$，耐冲击性好，对于不同含量污水具有较强的适应能力，随着运转及构筑物造价的下降，越来越得到人们的青睐。

UASB 反应器与其他大多数厌氧生物处理装置不同之处是：

（1）废水由下向上流过反应器；

（2）污泥不需要特殊的搅拌设备；

（3）反应器顶部有特殊的三相分离器。

优点：处理能力大，处理效率好，运行管理方便，性能比较稳定，构造比较简单便于放大。在第二代厌氧处理工艺设备中，UASB 反应器在处理悬浮物含量低的高浓度有机废水方面应用最为广泛。

5.5.2.5 混凝沉淀法

经生物处理后，出水渗滤液中的主要成分为腐殖酸、富里酸类有机物、可吸附有机卤代物等难生物降解有机物。赵宗升等对我国渗滤液经厌氧—好氧生物处理后的出水分别用铁盐和铝盐混凝处理后，COD 可从 600mg/L 降到 300mg/L 左右，去除率达 50% 左右。混凝沉淀处理效果与投加的混凝剂种类、浓度以及环境条件有关，包括水温、pH 值、水中悬浮物浓度。实际工程中需要对原水水质进行混凝试验，以确定最佳混凝剂以及混凝剂投加量。此外，混凝沉淀法对渗滤液中重金属离子也有一定的处理效果，是垃圾渗滤液处理系统达标排放不可缺少的前处理或后处理工艺。

5.5.2.6 反渗透膜法

反渗透膜法（RO）分离技术在压力作用下可以去除垃圾渗滤液中的 COD、悬浮物、有机物、重金属离子，同时可以去除氨氮等污染物，出水水质一般能够达到国家渗滤液一级排放标准。

膜处理技术最大的运行缺点是膜污染问题，一般膜片寿命都在 3 年以下。自从 20 世纪 80 年代末德国人发明了 DT-RO 膜组件（碟管式反渗透膜组件），膜污染问题得到了很大改善，反渗透膜的使用寿命可长达 3~5 年，国外已有 9 年才更换膜片的工程实例。1988 年德国首次出现采用碟管式反渗透装置处理 Ihlenberg 垃圾填埋场的渗滤液，COD 和 NH_3-N 的去除率均在 98% 以上，浓缩液经蒸发进一步浓缩后，最终以发电厂的飞灰固化。

目前，DT-RO 技术已在西欧、北美等地区 243 个垃圾填埋场中得到应用。近年来，国内也开始了膜处理技术在垃圾渗滤液方面的应用。重庆长生桥垃圾填埋场、上海黎明垃圾填埋场、北京阿苏卫垃圾填埋场、北京安定垃圾填埋场、沈阳老虎冲垃圾填埋场等已建成碟管式反渗透系统并投入运行。

南宫堆肥处理厂渗滤液处理工艺

南宫堆肥处理厂渗滤液采用集装箱式两级碟管式反渗透系统处理。工艺流程如图 5-18 所示。

渗滤液从调节池由漂浮泵输送至原水罐。

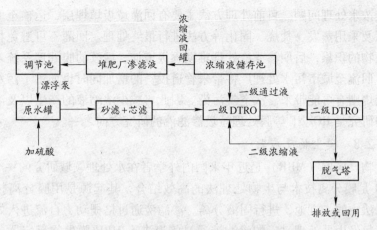

图 5-18　南宫垃圾堆肥场渗滤液处理流程图

（1）调节 pH 值：加硫酸调节 pH 值防止碳酸盐类结垢。原水罐回流管路设置有 pH 值传感器，PLC 判断原水 pH 值并自动调节计量泵的频率加以调整加酸量，调节原水 pH 值 6.1~6.5。

（2）砂滤器处理：然后经过砂滤器处理，去除大部分悬浮物、有机物、胶质颗粒、微生物、臭味及部分重金属离子。砂滤出水后进入芯滤。

（3）二级 DTRO：经过二级 DRTO 处理，垃圾渗滤液中的 COD、悬浮物、有机物、重金属离子大部分被去除，同时可以去除氨氮等污染物。

（4）清水脱气及 pH 值调节：渗滤液中含有一定的反渗透膜不能脱除的溶解性酸性气体，会导致 pH 值稍低于排放要求，设计采用脱气塔脱除透过液中溶解的酸性气体，pH 值可达到 6.0 以上。

5.5.2.7　纳滤

纳滤（NF）是介于反渗透和超滤之间的一种压力驱动型膜分离技术，它对水中相对分子质量为数百的有机小分子具有分离性能，对不同价态的阴离子存在 Donnan 效应。物料的荷电性、离子价数和浓度对分离效应有很大的影响。

纳滤主要用于饮用水和工业用水的纯化。废水净化处理，工艺流体中有价值成分的浓缩等方面，其操作压强为 0.5~2.0MPa，截留相对分子质量界限为 200~1000Da，纳滤所用的材料是醋酸纤维素，经膜生物反应器处理过的渗滤液进入纳滤净水器得到中水，中水回收再利用，用于站内降尘和冲刷地面。

RO 膜处理技术水回收率较低，一般为 70%~80%。相比之下，NF 的出水水质虽然不敌 RO，但其能耗明显下降，一部分的盐进入到出水中减少了浓缩液处理的难度，水回收率较高。但受到膜孔径的限制，NF 对于氨的截流能力明显弱于 RO。

除了膜污染，使用 RO、NF 等物理截流膜处理法处理垃圾渗滤液的另一个主要弊端是浓水处理问题。目前处理方法主要有回灌垃圾填埋层，运输至城市污水处理厂以及采用蒸发、焚烧、固化等方法进行最终处理。回灌不可避免将导致盐分及污染物的积累，后期渗滤液处理难度逐级增加，后续的膜处理系统寿命将越来越短；回流至城市污水处理厂将带来管道投资的增加同时也加重了污水处理厂负担；焚烧则有可能带来二次空气污染。因此，减少浓缩液的产生以及浓缩液处理方法的研究是 RO/NF 等膜处理垃圾渗滤液的研究方向之一。

5.5.2.8　膜生物反应器

膜生物反应器（MBR）是近年来国内外学者在水处理领域研究的一个热点。

MBR 是膜分离技术与生物处理法的高效结合，其起源是用膜分离技术取代活性污泥法中的二沉池，进行固液分离。渗滤液通过格栅动力自流进入好氧反应器，经好氧发生器处理过后的渗滤液通过管道进入 MBR 膜生物反应器，利用膜的过滤处理渗滤液。

在生物反应器中保持高效性污泥浓度，提高生物处理有机负荷，从而减少污泥处理设施占地面积。并通过保持低污泥负荷减少剩余污泥量。主要利用沉浸于好氧生物池内的膜分离设备截留槽内的活性污泥与大分子有机物。

MBR 出水水质不如 RO、NF，但 MBR 的优势在于不产生浓缩液以及良好的脱氮除磷效果。MBR 一般由前置式反硝化、硝化反应器和分体式超滤单元组成，在该处理系统中污泥浓度可高达 $15\sim35g/L$，有机物容积负荷可达 $0.3\sim2kgBOD/(m^3\cdot d)$，氨氮和有机氮去除效果可达 80% 以上。采用单体 MBR 膜通量下降较快，因此多增加前处理工艺。在工程应用上，MBR 在垃圾渗滤液处理方面已经得到了广泛的应用，与其他膜处理或活性炭吸附等工艺联用，出水效果也可以达到一级水平。

马家楼垃圾转运站渗滤液处理工艺

马家楼垃圾转运站日处理垃圾 2000t，在处理过程中产生的新鲜渗滤液，有机物 COD_{Cr} 浓度为 $800\sim7800mg/L$，日处理量为 60t/d，每日产生的渗滤液约占日进站量（垃圾）的 3.5%。渗滤液在处理前，原水 pH 值为 $4.9\sim5.3$，电导率为 8000S/m 左右，经过处理后，pH 值约为 7.1，电导率约为 4000S/m，COD_{Cr} 值小于 100。采用的工艺是中温厌氧＋纳滤（部分），设计出水标准是 GB16889—1997 三级。

马家楼垃圾转运站渗滤液处理工艺流程如图 5-19 所示。

（1）渗滤液产生及收集：马家楼垃圾转运站在分选垃圾的过程中会产生渗滤液，这些渗滤液被导入渗滤液收集池进行统一处理。

（2）渗滤液调节：渗滤液经过收集池提升泵进入调节池，调节池主要调节渗滤液水量和水质、pH 值、温度等，之后由调节池提升泵进入厌氧发生器。

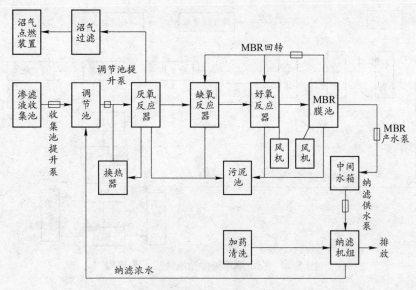

图 5-19 马家楼垃圾转运站渗滤液处理工艺流程

（3）厌氧反应阶段：厌氧微生物降解结构复杂的难降解有机物，产生沼气并散发热量，同时达到除磷目的。

（4）缺氧反应阶段：经过厌氧处理的渗滤液进入缺氧发生器，进行反硝化过程，以达到去除 NO_3^-，脱氮目的。

（5）好氧反应阶段：渗滤液进入好氧发生器，有机物被好氧菌进一步降解，达到去除 BOD、COD、SS 并除磷目的。

（6）MBR 膜生物反应器：经厌氧、缺氧、好氧处理过后的渗滤液进入 MBR 膜生物反应器，利用生物膜的渗透过滤技术，进一步处理，并加药清洗。MBR 膜生物反应器的出水由 MBR 产水泵打入中间水箱，以待处理。余下部分由 MBR 回流泵抽出，进入缺氧、好氧发生器继续处理。

（7）纳滤机组：MBR 膜生物反应器出水由纳滤供水泵进入纳滤机组，加药清洗，过滤难降解有机物，同时盐分通过膜得到排除。出水可直接排入城市下水管网，与城市生活污水一起再处理，产生的纳滤浓水进入调节池，继续处理，厌氧、缺氧、好氧发生器以及 MBR 产生的污泥被收集至污泥池另行处理。

安定垃圾卫生填埋场渗滤液处理工艺

填埋场的渗滤液首先进入调节池，再经过提升泵进入 4 个处理系列，分别是 A^2/O、MBR、NF、RO 完成生物降解和微生物分离作用。渗滤液处理过程如图 5-20 所示。

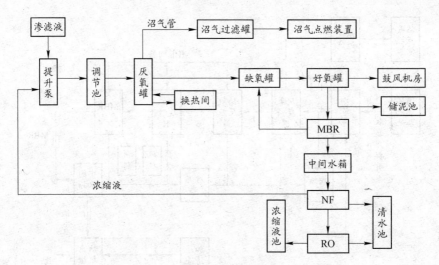

图 5-20　安定填埋场渗滤液处理工艺流程

（1）厌氧阶段：渗滤液进入厌氧罐内，主要进行厌氧释磷和氨化作用，使渗滤液中的 BOD 下降。氨氮因细胞的合成而被去除一部分，此过程产生的沼气用于点燃、发电、供暖等。

（2）缺氧阶段：在缺氧罐中，反消化菌利用渗滤液中的有机物作为碳源，将回流混合液带入的 $NH_3\text{-}N$、$NO_2\text{-}N$ 还原为 N_2，BOD 继续下降。硝酸氮含量大幅度下降。

（3）好氧阶段：在好氧罐中，有机物生化降解，BOD 继续下降。有机氮被氨化继而被消化。使氨氮含量显著下降，硝酸氮含量增加。

（4）MBR 膜反应器：MBR 膜反应器通过膜分离净化水和菌体，对渗滤液中难降解的有机物进一步降解。

（5）纳滤反应器：MBR 出水进入纳滤系统，进一步分离难降解较大分子有机物和部分 $NH_4^+\text{-}N$，纳滤系统的核心是通过抗污染浓缩分离膜，在 1.3MPa 左右的压力下对污水进行浓缩分离。

（6）反渗透膜：纳滤出水后经清液罐调节后进入反渗透系统，反渗透膜同样采用抗污染膜，其工作压力为 2.3MPa 左右，浓缩分离出水稳定达标，进入反渗透出水罐临时调节，其余自流排放到贮水池。

（7）污泥处置：系统运行中会产生一定量的剩余污泥和浓缩液，剩余污泥定期定量排入污泥池，上清液回流至调节池，污泥经污泥泵回灌填埋场处理。

（8）浓缩液处理：NF、RO 系统产生的浓缩液收集进入浓缩液池，通过液位控制浓缩液回灌泵进行回灌填埋区处理。

思 考 题

5-1 什么是固体废物？如何对固体废物进行分类？分类类别是什么？

5-2 什么是卫生填埋？进行卫生填埋的依据是什么？

5-3 简述好氧堆肥的工艺原理以及堆肥化的具体过程。

5-4 垃圾渗滤液如何产生？有何特点？具体的处理技术有哪些？

5-5 以图示表示垃圾渗滤液收集系统。

参 考 文 献

[1] 赵由才. 生活垃圾卫生填埋技术 [M]. 北京：化学工业出版社，2004.

[2] 赵由才，牛冬杰，柴晓利. 固体废物处理与资源化 [M]. 北京：化学工业出版社，2012.

[3] 蒋展鹏，杨宏伟. 环境工程学 [M]. 北京：高等教育出版社，2013.

[4] 廖利，冯华，王松林. 固体废物处理与处置 [M]. 武汉：华中科技大学出版社，2010.

[5] 彭长琪. 固体废物处理与处置技术 [M]. 武汉：武汉工业大学出版社，2009.

[6] 宁平，蒋文举，张承中. 固体废物处理与处置 [M]. 北京：高等教育出版社，2007.

[7] 刘秀常，崔孝光，李中瑞. 安定垃圾卫生填埋场渗滤液处理和气体收集焚烧工程 [J].
给水排水，2005，31（8）：23~25.

[8] 王进安，刘学建，杜巍，等. 北京阿苏卫垃圾卫生填埋场渗滤液处理 [J]. 环境卫生工
程，2006，14（3）：15~17.

[9] 杜巍，刘学建，于波，等. 纳滤膜在北京阿苏卫填埋场渗滤液改扩建工程中的应用 [J].
膜科学与技术，2010，30（1）：78~81.

[10] 杨赟，齐丽红，刘敏，等. 北京阿苏卫垃圾卫生填埋场渗滤液的处理 [J]. 中国电机工
程学报，2012，38（增刊）：59~62.

[11] 刘洋. 浅析固体废物处理与资源化进展 [J]. 内蒙古煤炭经济，2016（12）：63~64.

[12] 段文江，缪明飞，洪卫. 垃圾渗滤液处理工程实例 [J]. 山东化工，2016，45（6）：147~150.

[13] 蔡圃，潘翠，陈煦. 生活垃圾填埋场渗滤液处理工程实例 [J]. 水处理技术，2016，42
（7）：133~135.

6 噪 声 治 理

实习目的

以工业噪声为基础进行场地实习，了解噪声的产生、危害及控制技术，了解不同场地噪声控制标准，掌握具体的降噪设备处理原理及结构特点，为改良降噪设备提出可行性的建议。

实习内容

(1) 了解不同企业噪声的产生及控制措施。

(2) 掌握企业降噪设备（材料）的结构、特点、工作原理及技术性能指标。

随着近代工业的发展，环境污染也随之产生，噪声污染就是环境污染的一种，已经成为人类的一大危害。噪声的种类越来越多，污染强度也越来越大，几乎没有一个城市不受噪声的干扰和危害。因此对噪声进行治理，防止噪声的危害，是环境保护的重要任务之一。

6.1 工业噪声的危害

噪声对人的影响分为两种：听觉影响和心理-社会影响。听觉上的影响包括使听力丧失和干扰语言交流；心理-社会方面的影响包括引起烦恼、干扰睡眠、影响工作效率等。

6.1.1 噪声定义

噪声是指人们不需要的声音。噪声可能是由自然现象产生的，也可能是由人们活动形成的。噪声可以是杂乱无序的宽带声音，也可以是节奏和谐的乐音。当声音超过人们生活和社会活动所允许的程度时就成为噪声污染。在此主要了解工业噪声对人类的影响。

6.1.2 工业噪声来源

工业噪声主要来自工厂的各种机器和高速设备，诸如金属加工机床、锻压、铆焊设备、燃烧加热炉、风动工具、冶炼设备、纺织机械、球磨机、发动机、电动机等产生的噪声；建筑工业的混凝土搅拌机、打桩机、推土机、风动工具、空压机、钻机等产生的噪声也在此范围。工业噪声与交通噪声不一样，它的影响一般是有局限性的，地点固定，涉及范围较小，但总的强度大。

6.1.3 工业噪声危害

噪声对人体的影响是多方面的。50dB（A）以上开始影响睡眠和休息，特别是老年人和患病者对噪声更敏感；70dB（A）以上干扰交谈，妨碍听清信号，造成心烦意乱、注意力不集中，影响工作效率，甚至发生意外事故；长期接触90dB（A）以上的噪声，会造成听力损失和职业性耳聋，甚至影响其他系统的正常生理功能。听力损失在初期为高频段听力下降，语音频段无影响，尚不妨碍日常会话和交谈；如连续接触高噪声，病情将进一步发展，语言频段的听力开始下降，达到一定程度，即影响听清谈话。当出现了耳聋的现象时，已发生不可逆转的病理变化。

6.2 噪声控制技术

环境噪声污染由声源、传声途径和受主三个基本环节组成。因此，噪声污染的控制必须把这三个环节作为一个系统进行研究。降低声源的噪声辐射是控制噪声的根本途径。

6.2.1 在噪声声源处控制

从噪声源控制噪声，这是最积极、最根本的控制措施。方法如下：

（1）减少冲击力。许多机器和设备零件间会因强烈的碰撞而产生噪声，通常这些碰撞或撞击是机器工作所必需的，针对机器不同的特性可采用不同的措施。

（2）降低速度和压力。降低机器和机械系统运动部件的速度，可以使其运行更平稳，发出的噪声更小。同样，降低空气、气体和液体循环系统的压力和流速，可以减小紊流度，使噪声辐射减少。通过对声源发声机理和机器设备运行功能的深入研究，研制新型的低噪声设备，改进加工工艺，以及加强行政管理均能显著降低环境噪声。

（3）降低摩擦阻力。降低机械系统中转动、滑动和运动部件之间的摩擦，通常可以使运转更顺畅并降低噪声。同样，降低流体分配系统中的流动阻力也可以减少噪声。

（4）减少辐射面积。一般而言，较大的振动部件会发出较大的噪声。安静的机械设计的首要原则就是在不损害其运行和结构强度的情况下，尽可能减小噪声辐射的有效表面积。以上要求可通过制造较小的元件、移去过多的材料或除去元件中的开口、沟槽或穿孔部分来实现。例如，用线网或金属织品来代替机器上较大、易振动的金属薄板安全装置，可大大减小表面积，从而降低噪声。

（5）减少噪声泄漏。在很多情况下，通过简单的设计，将机器用外壳进行隔声或进行吸声处理，可以有效地防止噪声泄漏。

（6）消声器和弱声器。消声器和弱声器之间没有明显的区别，通常它们可以互用。事实上，它们都是声音过滤器，用于降低流体流动时产生的噪声。这些装置基本上分为两类：吸收消声器和反应消声器。吸收消声器降低噪声的方式主要由可吸收声音的纤维或多孔材料决定；反应消声器则由其几何形状决定，即通过反射或扩散声波，使产生的声波自身破坏而降低噪声。

6.2.2　在传声途中控制

声传播途径中的控制仍是常用的降噪手段。在噪声传递的路径上，设置障碍以阻止声波的传播，铺置吸声材料增加声能损耗，或者通过反射、折射改变声波的传播方向。在噪声控制工程中经常采用的有效技术有吸声、隔声、阻尼和隔振等。常见的吸声墙面（吊顶）、声屏障、隔声门（窗）、消声器和隔振地板等则是这些治理（控制）技术的具体应用。

6.2.2.1　吸声材料

在一个未做任何声学处理的车间或房间内，声源发出的声波遇到墙面、天花板、地面以及其他物体表面时会发生反射现象。接收者听到的不仅有从声源直接传来的直达声，还有经一次或多次反射形成的反射声。通常将一次或多次反射声的叠加称为混响声。由于直达声与混响声的叠加，使室内的噪声级提高了。如果用吸声材料或吸声结构装饰在房间内表面，房间内的反射声就会被吸收掉，这种利用吸声材料和吸声结构吸收声能以降低室内噪声的方法称做吸声降噪，简称吸声。这种控制噪声的方法就是吸声技术。

常用的吸声材料，如玻璃棉、矿渣棉、泡沫塑料、石棉绒、毛毡、木丝板、软质纤维以及微孔吸声砖等，大多是一些多孔性的吸声材料。图6-1所示为部分多孔吸声材料。

在这些材料的表面和内部有无数的细微孔隙，这些孔隙相互贯通并且与外界相通，其固体部分在空间组成骨架，称做筋络。当声波入射到多孔吸声材料的表面时，可沿着对外敞开的微孔射入，并衍射到内部的微孔内，激发孔内空气与筋络发生振动。由于空气分子之间的黏滞阻力以及空气之间的摩擦阻力，使声能不断转化为热能而消耗；此外，空气与筋络之间的热交换也消耗部分声能，使反射出去的声能大大减少。吸声材料常用于录音棚、影音室、视听室、家庭影院等场所的降噪。图6-2所示为吸声材料在录音棚的应用。

6.2.2.2　隔声技术

隔声是噪声控制中最常用的技术之一，是指采用一定形式的围蔽结构隔绝噪

图 6-1　各种多孔吸声材料

声源声波向外传播或隔绝声波传向接受者所在空间传播，从而达到降噪目的的方法。这种围蔽结构叫隔声结构。隔声结构有单层结构、由单层结构组成的双层结构以及轻质附和结构等形式。

　　隔声技术的主要应用有隔声墙和隔声罩。

　　A　隔声墙

　　隔声墙是在一间房子中用隔声墙把声源和接受区分隔开来，是一个最简单而实用的隔声措施。图 6-3 为吸隔声式隔声屏障。

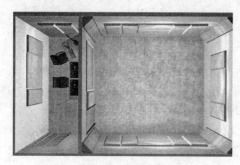

图 6-2　含有吸声材料的录音棚

图 6-3　吸隔声式隔声屏障

B　隔声罩

隔声罩是一种将噪声源封闭（声封闭）隔离起来，以减小向周围环境的声辐射，而同时又不妨碍声源设备的正常功能性工作的罩形壳体结构。隔声罩将噪声源封闭在一个相对小的空间内，其基本结构如图 6-4 所示。罩壁由罩板、阻尼涂层、吸声层及穿孔护面板组成。常用的隔声罩有固定密封型、活动密封型、局部开敞型等形式。

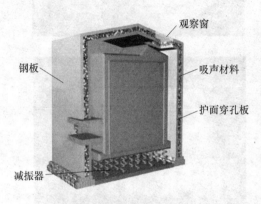

观察窗

钢板

吸声材料

护面穿孔板

减振器

图 6-4　隔声罩基本构造

隔声罩常用于车间内如风机、空压机、柴油机、鼓风、球磨机等强噪声机械设备的降噪。其降噪量一般在 10~40dB 之间。各种形式隔声罩 A 声级降噪量是：固定密封型为 30~40dB，活动密封型为 15~30dB，局部开敞型为 10~20dB，带有通风散热消声器的隔声罩为 15~25dB。

C　隔声屏

用来阻挡噪声源与受声点之间直达声的障板或帘幕称为隔声屏（帘）或声屏障，在屏障后形成低声级的"声影区"，使噪声明显减小。声音频率越高，声影区范围越大，图 6-5 所示为隔音屏障的示意图。

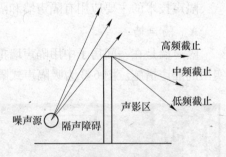

高频截止

中频截止

低频截止

噪声源　　隔声障碍　　声影区

图 6-5　隔声屏障示意图

对于人员多、强噪声源比较分散的大车间，在某些情况下，由于操作、维护、散热或厂房内有吊车作业等，不宜采用全封闭性的隔声措施，或者在对隔声要求不高的情况下，可根据需要设置隔声屏。此外，采用隔声屏障减少交通车辆噪声干扰，已是常用的降噪措施。一般沿道路设置 5~6m 高的隔声屏，可达 10~20dB（A）的减噪效果。

设置隔声屏的方法简单、经济，便于拆装移动，在噪声控制工程中广泛应用。高速公路隔声屏障如图6-6所示。

6.2.2.3　消声技术

消声是一种既能允许气流顺利通过，又能有效阻止或减弱声能向外传播的装置，是降低空气动力性噪声的主要技术措施，主要安装在进、排气口或气流通过的管道中。一个设计合理、性能良好的消声器可使气流声降低20~40dB，是一种应用广泛的噪声控制技术。

对于通风管道、排气管道等噪声源，在进行降噪处理时既要考虑允许气流通过的同时，又要有效地阻止或减弱声能的向外传播。这就需要采用消声技术——消声器。一个性能良好的消声器，可使气流噪声降低20~40dB。消声器的种类很多，主要包括阻性消声器、抗性消声器、阻抗复合消声器、微孔板消声器、小孔消声器及有源消声器等。下面对阻性消声器和抗性消声器作简要介绍。

A　阻性消声器

阻性消声器是利用气流管道内的不同结构形式的阻性材料（多孔吸声材料）吸收声波能量，以降低噪声的消声器。阻性消声器是各类消声器中形式最多、应用最广的一种消声器。阻性消声器具有较宽的消声频率范围，尤其是在中、高频率消声性能更为明显。影响阻性消声器性能的主要因素有消声器的结构、吸声材料的特性、气流速度及消声器管道长度、截面积等。图6-7所示为阻性消声器。

图6-6　高速公路隔声屏障

图6-7　阻性消声器

B　抗性消声器

抗性消声器与阻性消声器的消声机理完全不同，它没有敷设吸声材料，因而不能直接吸收声能。抗性消声器是通过管道内声学特性的突变引起传播途径的改变，以此达到消声目的。抗性消声器的最大优点是不需要用多孔吸声材料，因此在耐高温，抗潮湿，对流速较大、洁净度要求较高等方面，均比阻性消声器有明显优势。抗性消声器用于消除中、低频率噪声，主要包括扩张室式消声器和共振式消声器两种类型。图 6-8 为抗性消声器。

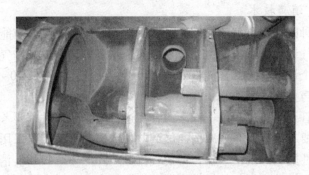

图 6-8 抗性消声器

6.2.2.4 隔振

振动是环境物理污染之一，从噪声控制角度研究隔振，只是研究如何降低空气声和固体声。将振源（即声源）与基础或其他物体的近于刚性连接改成弹性连接，防止或减弱振动能量的传播，这个过程叫隔振或减振。

隔振器一般可以分为隔振器、隔振垫和其他隔振装置。隔振器是一种弹性支撑元件，是经专门设计制造的具有单个形状、使用时可作为机械零件来安装的器件。最常见的隔振器包括弹簧隔振器、金属丝网隔振器、橡胶隔振器、橡胶复合隔振器以及空气弹簧隔振器等。

图 6-9 所示为金属弹簧隔振器，图 6-10 所示为各种橡胶隔振器。

图 6-9 金属弹簧隔振器

隔振垫由具有一定弹性的软质材料如软木、毛毡、橡胶垫、海绵、玻璃纤维及泡沫塑料等构成。由于弹性材料本身的自然特性，除橡胶垫外，一般没有确定的形状尺寸，可在实际应用中根据需要来加工剪切。目前广泛应用的主要是专用橡胶隔振垫。

图 6-10 橡胶隔振器

6.2.2.5 阻尼

降低噪声振动的方法之一是当振动系统本身阻尼很小，而声波辐射频率很高时，提高刚性，改变系统结构的固有频率；方法之二是当系统固有频率不可变动，或可变动但又引起其他构件的振动加大，这时普遍采用的方法是在振动的构件上铺设或喷涂一层高阻尼材料，或设计成夹层结构，这种方法称减振阻尼，简称阻尼。这种方法广泛应用在机械设备和交通工具的噪声振动中，如输气管道、机械防护壁、车体、飞机外壳等，常用的阻尼材料有沥青、软橡胶和阻尼浆等。

当金属板（或混凝土板）被涂上高阻尼材料后，金属板振动时，阻尼层也随之振动，一弯一直使得阻尼层时而被拉伸，时而被压缩，阻尼层内部的分子不断产生位移，并由于内摩擦阻力，导致振动能量被转化为热量而不断消耗，同时因阻尼层的刚度阻止金属板的弯曲振动，从而降低了金属板的噪声辐射。

某瓦斯发电站噪声治理工程

（1）现场概况。

此瓦斯发电场位于矿区内，建有一期和二期两个厂区。在电站的西侧和西北侧分别有矿区职工住宅。自电站运行以来，场内的燃气发电机组等设备运行时产生的噪声对厂内生产和维修环境及周围住宅区造成了一定程度的污染。根据测量，厂界绝大部分测点的噪声超过了《工业企业厂界环境噪声排放标准》（GB12348—2008）中的Ⅲ类区限值（表 6-1），厂界噪声最大达到了 73.9dB（A），超过了标准限值 65dB（A）。电站周围住宅区的各个测点所测得的环境噪声在 45~65dB（A）之间，均不同程度超过了《声环境质量标准》（GB 3096—2008）中的一类区限值（表 6-2）。

表 6-1　《工业企业厂界环境噪声排放标准》（GB 12348—2008）

（等效声级 LAeq：dB（A））

厂界外环境功能区分类	昼　间	夜　间
0	50	40
I	55	45
II	60	50
III	65	55
IV	70	55

表 6-2　《声环境质量标准》（GB 3096—2008）

（等效声级 LAeq：dB（A））

类别		昼间	夜间	适　用　范　围
0		50	40	康复疗养区等特别需要安静的地区
1		55	45	以居民住宅、医疗卫生、文化教育、科研设计、行政办公为主的需要保持安静的地区
2		60	50	商业金融、集市贸易为主要功能，工业混杂区及商业中心区
3		65	55	工业区
4	4a	70	55	高速公路、一级公路、二级公路等两侧区域
	4b	70	60	铁路干线两侧区域

（2）瓦斯发电站的噪声源。

瓦斯发电站的噪声源有瓦斯发电机组、循环水泵、接力风机、冷却塔等，其中主要噪声源为瓦斯发电机组，瓦斯发电机组噪声主要来源于燃气发动机和发电机。

（3）噪声治理措施。

1）车间顶棚和墙壁吸声装置。

在车间内厂房顶棚和墙壁悬挂一定数量的空间吸声体，吸收一部分混响声的能量，减少声的反射。在空间布置上，空间吸声体的悬吊采用水平悬吊和垂直悬吊两种形式。在机组上方采用水平悬吊，在车间顶棚的中间部分采用垂直悬吊的形式。空间吸声体顶棚布置如图 6-11 所示，墙面吸声体布置如图 6-12 所示。

2）设置机组隔声屏。

由于机组四周空间位置的限制，机组临车间墙壁的一侧全是连接通道，无法设置声屏障，这样，可在机组临通道和机组的两侧设置 U 形声屏障。机组隔声屏外观如图 6-13 所示。

3）通风消声百叶窗。

为了减少车间内的噪声向外辐射，将现有的窗户全部更换为消声百叶窗。更

图 6-11 顶棚空间吸声体的悬挂方式

图 6-12 墙面吸声体的悬挂方式

换消声百叶窗后，窗外噪声由 94.6dB(A) 降为 83.2dB(A)，降噪效果明显。图 6-14 为安装的消声百叶窗形式。

图 6-13 机组隔声屏实物外观图

图 6-14 消声百叶窗

4) 多级组合式排烟消声器。

排烟系统噪声有三个部分：管壁透射噪声、安全阀排气噪声和排烟管口噪声。

安全阀排气噪声可在安全阀外侧安装消声筒来解决，选择圆形阻性消声器。图 6-15 为安装的排气安全阀消声器。排烟管噪声可通过在排口设置消声器来降低排口噪声。原来的消声器无性能参数，降噪效果不清，现改为组合式阻抗复合消声器。更换后机组排烟消声器如图 6-16 所示。更换机组排烟消声器后，机组排烟噪声由 99.0dB(A) 降为 68.4dB(A)，降低了 30dB(A) 以上。

5) 发电机组基础隔振。

机组的底座通过地脚螺栓固定在土建基础上，机组与基础之间为刚性连接。

燃气发电机组运行时的机体机械振动传给基础，机组四周有明显的振感。在机组和基础之间配置减振器可有效控制振动。机组减振处理后，固体振动传声的减噪量为 11.8dB(A)，对周围总体噪声的影响可降低 2dB(A)。

图 6-15　排气安全阀消声器　　　　　图 6-16　更换后机组排烟消声器

（4）噪声治理效果。

将所有降噪措施全面应用到整个车间后，车间中心位置的噪声降低了 87～90dB(A) 左右，基本达到了国家《工业企业设计卫生标准》（表6-3）的要求，而通过更换机组排烟消声器和通风消声百叶窗，车间外的噪声降低到了 76dB(A) 以下，从而使厂区内和厂界噪声得到了有效的控制。

表 6-3　工业企业设计卫生标准（GBZ 1—2010）非噪声工作地点
噪声声级的卫生限值　　　　　（等效声级 LAeq：dB(A)）

地点名称	卫生限值	工效限值
噪声车间观察（值班）室	≤75	
非噪声车间办公室、会议室	≤60	≤55
主控室、精密加工室	≤70	

6.2.3　在噪声接受点控制

受主控制就是采用护耳器、控制室等个人防护措施来保护工作人员的健康。这类措施适宜应用在噪声级较强、受影响的人员较少的场合。控制措施的选择可以是单项的，也可以是综合的。个人防护是一种经济而又有效的措施。常用的防声用具有耳塞、防声棉、耳罩、头盔等。它们主要是利用隔声原理来阻挡噪声传入人耳。

6.2.3.1 耳塞

耳塞是插入外耳道的护耳器，按其制作方法和使用材料可分成如下三类。

预模式耳塞：用软塑料或软橡胶作为材质，用模具制造，具有一定的几何形状。

泡沫塑料耳塞：由特殊泡沫塑料制成，佩带前用手捏细，放入耳道中可自行膨胀，将耳道充满。

人耳模耳塞：把在常温下能固化的硅橡胶之类的物质注入外耳道，凝固后成型。良好的人耳模耳塞应具有隔声性能好、佩带方便舒适、无毒、不影响通话和经济耐用等方面的性能，其中隔声性和舒适性尤为重要。

6.2.3.2 防声棉

防声棉是用直径 $1 \sim 3 \mu m$ 的超细玻璃棉经过化学方法软化处理后制成的。使用时撕下一小块（约 $0.4g$），用手卷成锥状，塞入耳内就可以了。这种防声棉的隔声比普通棉花效果好，且防声棉的隔声值随着频率的增加而提高，换言之，它对隔绝那些对人体危害很大的高频声更为有效。在强烈的高频噪声车间使用这种防声棉，发现它对语言通讯联系不但无妨碍，反而对语言清晰度有所提高。使用防声棉后使尖叫高频声被隔掉，互相交谈的语言声便较为清楚。

6.2.3.3 耳罩、防声头盔

A 耳罩

耳罩就是将耳郭封闭起来的护耳装置，类似于音响设备中的耳机。好的耳罩可隔声 30dB。还有一种音乐耳罩，因为人是需要声音的，完全寂静反而使人不习惯，且对神经有害，这种耳罩既隔绝了外部强噪声对人的刺激，又能使人听到适量的美妙音乐。

B 防声头盔

图 6-17 为工人在工作期间佩带防声耳罩。

防声头盔将整个头部罩起，与

图 6-17 工人佩带防声耳罩

摩托车手的头盔相似，声音传入人耳有两条途径：一条是气传导，声波经外耳、中耳、再传入内耳，一般来说，这是声音传导的主要途径；另一条是骨传导，声波通过头颅直接传入内耳。头盔的优点是隔声量大，不但能隔绝噪声通过气传导对人造成危害，而且还可以减弱骨传导对内耳的损伤。其缺点是体积大，不方便，尤其在夏天或者高温车间会感到闷热。

6.3　具体设备防噪方案

6.3.1　风机设备防噪

风机的空气动力性噪声通过敞开的风机进风口或出风口以及风机的机壳向外界辐射出噪声。

风机的机械噪声主要是由轴承、皮带传动时的摩擦以及支架、机壳、连接风管振动而产生。此外，风机发生故障，如叶轮转动不平衡，支架、地脚螺栓、轴承的松动，轴的弯曲等都会产生强烈的噪声。

风机配用的电机的噪声主要有空气动力性噪声、电磁噪声和机械噪声。空气动力性噪声是由电机的冷却风扇旋转产生的空气压力脉动引起的气流噪声。电磁噪声是由定子与转子之间的交变电磁引力、磁致伸缩引起的。机械噪声主要是由轴承噪声以及转子不平衡产生振动引起的。电机噪声中以空气动力性噪声为最强。

风机噪声的治理应首先从降低声源噪声的积极措施着手，如选用低噪声风机、电机，提高风机的安装精度，作好风机的平衡调试等；然后再根据风机噪声的强度、特性、传播途径以及不同场所的要求，采取相应的措施予以治理。

6.3.1.1　进、出风口噪声的治理

风机在用作鼓（送）风时，进风口敞开在外，出风口与送风管连接，此时，进风噪声是主要的；风机用作排风时，进风口与风管连接，与上述相反，排风噪声是主要的。风机的进、排风噪声治理，可设置消声器予以解决。消声器应根据降噪要求、噪声强度、频谱特性以及系统阻力损失的情况进行设计和选用。

6.3.1.2　机壳噪声和电机噪声的治理

消声器仅能降低空气动力性噪声，风机的进、排风口安装了消声器后，可使进、排风口噪声降低 $20\sim30dB$，而风机的机壳噪声和电机噪声均没有降低。目前，控制机壳及电机的噪声主要采取隔声措施。实际上风机除了维修、调节风量外，一般不需要操作人员长时间在机旁工作，这就为风机的隔声措施提供了可行的条件，也可将多台风机集中布置。

6.3.2　冷却塔的噪声

冷却塔的噪声在工厂中与其他设备装置的噪声相比并不突出。但一些中小型

工厂，其所选用的机械通风冷却塔和玻璃钢冷却塔，多布置在厂界处，特别是一些科研单位、宾馆、影院等，由于其位置位于居民稠密区，因此冷却塔往往成为一个扰民的噪声源，在此着重进行论述。

6.3.2.1　风机降噪措施

风机的降噪可以采取以下措施：增大叶轮直径，降低风机转速，减小圆周速度。根据冷却塔的特点和节能要求，增大叶轮直径，减低出口动压，从而可以实现节能和降噪的要求。降低圆周速度，也是减小风机噪声的有效途径之一。

6.3.2.2　淋水噪声降低措施

降低淋水噪声的具体措施如下：

（1）增加填料厚度，改进填料布置形式，有利于降低淋水噪声。

（2）在填料与受水盘水面间悬吊"雪花片"（因其形状如雪花而得名，用高压聚乙烯横压成型），可减小落水差，使水滴细化，降低淋水噪声。

（3）受水面上铺设聚氨酯多孔泡沫塑料。这是一种专门用于冷却塔降噪用的新型材料，它既有一般泡沫塑料的柔软性，又有多孔漏水的通水性，可减小落水撞击噪声。

（4）进风口增设抛物线形状放射式挡声板，进风不受影响，而落水噪声则不会直接向外辐射。

6.3.2.3　设置声屏障

在冷却塔噪声控制工程中，声屏障是比较常用的降噪措施。但在冷却塔周围用声屏障，会带来一系列问题，必须注意下面三点：

（1）一般来说，增加声屏障将影响冷却塔正常进风，影响冷却效果，这就要看原来选用的冷却塔是否留有富余容量，否则慎用。

（2）冷却塔声屏障一般只能设置一个边，至多能 L 形布置。若噪声影响范围广，设置屏障的效果不尽理想。

（3）冷却塔声屏障高和宽的面积一般都很大，而且大都安装在高处，受风压力大，建造时要考虑原建筑是否牢固，有没有安装位置。

6.3.2.4　增设消声器

增设进排气消声器将影响通风效果，因此对消声器的消声量有要求外，通风阻力也要小。

某发电厂双曲线自然通风冷却塔噪声治理

（1）现场概况。

2005 年杭州某发电有限公司因厂区噪声严重扰民而被国家环境保护总局强迫停机整顿。此公司有两台与 3×390MW 燃气机组配套的大型双曲线自然通风冷却塔。在此主要介绍冷却塔噪声超标的噪声治理。

（2）冷却塔噪声来源。

自然通风冷却塔噪声主要有淋水噪声、布水噪声、空气对流噪声等。其中最主要的是下落的水流冲击水面产生的淋水噪声（即水落到集水池时产生的声音），噪声通过冷却塔下部的进风口传出。

（3）冷却塔噪声特点。

根据实测，该公司 2 号冷却塔近场噪声主要集中在中高频成分，但随着传播距离的增大，其低频成分亦不能忽略。并且，厂界最大噪声昼间达 73.6dB(A)、夜间达 68.6dB(A)，居民住宅处（敏感点）最大噪声昼间达 73.4dB(A)、夜间达 65.4dB(A)，实测噪声明显高于现行国家标准要求。

（4）治理方案。

根据《工业企业厂界环境噪声排放标准》（GB12348—2008）（表6-1）以及杭州市的规定，该地区属于Ⅲ类区域，据此拟定此次噪声治理的目标为《声环境质量标准》（GB3096—2008）（表6-2）中Ⅲ类标准要求，即厂界和居民住宅处（敏感点）噪声值昼间不高于 65dB(A)、夜间不高于 55dB(A)。

根据现场实际情况及治理要求，最终确定在 1 号、2 号冷却塔正对北厂界和西厂界及 1 号塔西南侧设置隔吸声屏障，屏障位置在水塔水池边外 20m 处，屏障高 10m，长 410m。隔吸声屏障如图 6-18 所示。

图 6-18   3X390MW 机组冷却塔隔吸声屏障

（5）噪声治理效果。

该公司厂区噪声综合治理完毕后，施工单位在冷却塔周围厂界和居民住宅处（敏感点）进行测试。经测试结果表明，厂界和居民住宅处（敏感点）的噪声值均在 55dB(A) 以下，达到 GB3096—2008 中Ⅲ类标准的规定，业主和居民都十分满意。

思 考 题

6-1 什么是噪声？具有什么危害？

6-2 噪声控制技术有哪些？

6-3 常用的吸声材料有哪些？并说明它是如何进行吸声的。

6-4 结合你身边的降噪措施，简要说明其作用机理。

参 考 文 献

［1］刑世录，包俊江．环境噪声控制工程［M］．北京：北京大学出版社，2013.

［2］顾强．噪声控制工程（第49卷）［M］．北京：煤炭工业出版社，2002.

［3］蒋展鹏，杨宏伟．环境工程学［M］．北京：高等教育出版社，2013.

［4］康立刚．发电厂双曲线自然通风冷却塔的噪声治理［J］．中国环保产业，2007（7）：49~51.

［5］熊洪斌，臧春新．城市综合体典型噪声源噪声影响预测与控制技术研究［J］．科学技术与工程，2016，16（16）：155~161.

［6］刘然．简谈工业噪声及其防护措施［J］．山东工业技术，2015.

7 设备及仪表

实习目的

通过实习，接触环境领域基础设备与仪表，加深学生对其认识与了解。能通过专业人士的讲解，了解设备及仪器的分类、适用范围、运行机理。学会学以致用，为在以后设计或工作中进行合理选择打下基础。

实习内容

(1) 了解设备仪器的外观，掌握常用的设备与仪表名称与分类。

(2) 掌握常用设备的运行机理。

(3) 学会选择设备与仪表。

7.1 设　　备

设备是工程项目中必不可少的构件，设备的性能决定了工艺运行的好坏。本节主要介绍的设备有泵、风机、管道和压力容器。这四种设备是环保项目中最常用的，也是环保项目中最基础的构件。

7.1.1　泵

泵是输送液体或使液体增压的机械。它将原动机的机械能或其他外部能量传送给液体，使液体能量增加。泵主要用来输送水、油、酸碱液、乳化液、悬乳液和液态金属等液体，也可输送液、气混合物及含悬浮固体物的液体。

7.1.1.1　泵的分类

泵按不同的依据有如下几种分类：

(1) 按原理分类。可分为容积式泵和叶轮式泵。

容积式泵：靠工作部件的运动造成工作容积周期性地增大或缩小而吸排液体，并靠工作部件的挤压而直接使液体的压力能增加。

叶轮式泵：叶轮式泵靠叶轮带动液体高速回转而把机械能传递给所输送的液体。

根据泵的叶轮和流道结构特点的不同叶轮式又可分为：离心泵（Centrifugal

Pump)、轴流泵（Axial Pump）、混流泵（Mixed-Flow Pump）、旋涡泵（Peripheral Pump）、喷射式泵（Jet Pump）。其中，喷射式泵是靠工作流体产生的高速射流引射流体，然后再通过动量交换而使被引射流体的能量增加。

（2）按泵轴位置分类。可分为立式泵（Vertical Pump）和卧式泵（Horizontal Pump）。

（3）按吸口数分类。可分为单吸泵（Single Suction Pump）和双吸泵（Double Suction Pump）。

（4）按驱动泵的原动机分类：电动泵（Motor Pump）、汽轮机泵（Steam Turbine Pump）、柴油机泵（Diesel Pump）和气动隔膜泵（Diaphragm Pump）。

7.1.1.2　常用泵类型

A　离心泵

a　工作原理

水泵开动前，先将泵和进水管灌满水，水泵运转后，在叶轮高速旋转而产生的离心力的作用下，叶轮流道里的水被甩向四周，压入蜗壳，叶轮入口形成真空，水池的水在外界大气压力下沿吸水管被吸入补充了这个空间。继而吸入的水又被叶轮甩出，经蜗壳而进入出水管。由此可见，若离心泵叶轮不断旋转，则可连续吸水、压水，水便可源源不断地从低处扬到高处或远方。综上所述，离心泵是在叶轮的高速旋转所产生的离心力的作用下，将水提向高处，故称离心泵。

b　特点

水沿离心泵的流经方向是沿叶轮的轴向吸入，垂直于轴向流出，即进出水流方向互成90°。

由于离心泵靠叶轮进口形成真空吸水，因此在起动前必须向泵内和吸水管内灌注引水，或用真空泵抽气，以排出空气形成真空。而且泵壳和吸水管路必须严格密封，不得漏气，否则形不成真空，也就吸不上水来。

由于叶轮进口不可能形成绝对真空，因此离心泵吸水高度不能超过10m，加上水流经吸水管路带来的沿程损失，实际允许安装高度（水泵轴线距吸入水面的高度）远小于10m。如安装过高，则不吸水；此外，由于山区比平原大气压力低，因此同一台水泵在山区，特别是在高山区安装时，其安装高度应降低，否则也不能吸上水来。

B　轴流泵

a　工作原理

轴流泵与离心泵的工作原理不同，它主要是利用叶轮的高速旋转所产生的推力提水。轴流泵叶片旋转时对水所产生的升力，可把水从下方推到上方。

轴流泵的叶片一般浸没在被吸水源的水池中。由于叶轮高速旋转，在叶片产生的升力作用下，连续不断地将水向上推压，使水沿出水管流出。叶轮不断地旋转，水也就被连续压送到高处。

b 特点

水在轴流泵的流经方向是沿叶轮的轴向吸入、轴向流出，因此称轴流泵。其特点有：扬程低（1~13m）、流量大、效益高，适于平原、湖区、河网区排灌；起动前不需要灌水，操作简单。

C 污水泵

a LW 型立式排污泵

LW 型立式排污泵（图7-1）是在引进国外先进技术的基础上，结合国内水泵的使用特点而研制成功的新一代泵类产品，具有节能效果显著、防缠绕、无堵塞、自动安装和自动控制等特点。在排送固体颗粒和长纤维垃圾方面，具有独特效果。

LW 型立式排污泵采用独特叶轮结构和新型机械密封，能有效地输送固体物和长纤维。叶轮与传统叶轮相比，该泵叶轮采用单流道或双流道形式，它类似于一截面大小相同的弯管，具有非常好的过流性，配以合理的蜗室，提高了泵的效率，并使泵在运行中无振动。

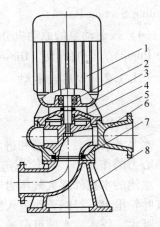

图 7-1 LW 型立式排污泵

1—电机；2—轴承；3—电机座；
4—机械密封；5—叶轮；6—泵体；
7—密封圈；8—底座

无堵塞直立式排污泵适用于化工、石油、制药、采矿、造纸工业、水泥厂、炼钢厂、电厂、煤加工工业，以及城市污水处理厂排水系统、市政工程、建筑工地等行业输送带颗粒的污水、污物，也可用于抽送清水及带腐蚀性介质。

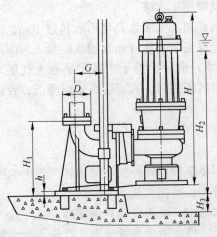

图 7-2 WQ 型潜水排污泵

b WQ 型潜水排污泵

WQ 型潜水排污泵（图7-2）主要部件由叶轮、泵体、底座潜水电机组成。水泵和电机是同一根轴，由于水泵位于整个排污泵最下端，它能最大限度抽吸地面积余污水。叶轮为双流道设计，大大提高了污物的过流能力，能有效地通过直径为泵口径50%的固体颗粒。

WQ 型潜水排污泵适用于化工、石油、制药、采矿、造纸工业、水泥厂、炼钢厂、电厂、煤加工工业，以及城市污水处理厂排水系统、市政工程、建筑工地等行业输送带颗粒的污水、污物，也可用于抽送清水及带腐蚀性介质。其适用范围如下：介质温度不超过 60℃，介质密度为 1~1.3kg/dm³；无内自流循环冷却系统的泵，电机部分露出液面不超过 1/2；铸铁材质的使用 pH 值范围为5~9；1Cr18Ni9Ti 不锈钢材质可使用各种腐蚀性介质。

D 污泥泵

a 污泥泵特点

提升叶轮具有最佳的水力设计，无缠绕堵塞现象；轴和油室的密封先进可靠，并有防渗漏保护；安装方便迅速，可用于任何形状的水池，占地小；操作简单，易于维护，配套电机功率小，无噪声。污泥泵示意图如图 7-3 所示。

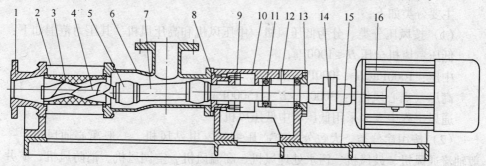

图 7-3 污泥泵示意图

1—出料体；2—拉杆；3—定子；4—螺杆轴；5—方向节；6—进料体；7—连接轴；
8—填料座；9—填料压盖；10—轴承座；11—轴承；12—传动轴；
13—轴承盖；14—联轴器；15—底盘；16—电机

b 技术特点

污泥回流泵转动平稳自如，无卡死、停滞、振动等现象。其作密封气压试验，试验压力为 0.2MPa。污泥回流泵采用双机械密封结构和唇形密封结构，机械密封保证在 10000h 内可靠运行而不需更换，引出电缆采用 YZW 型橡胶套软电缆或性能相同的其他电缆，电缆密封头采用特殊硫化处理，以防电缆外皮破损而渗水至电机。油室内设有密封泄漏保护装置。回流泵引出电缆中双色线（黄/绿）规定为接地线，连接可靠，接地标志明显，在使用期内不易磨灭。电机转子采用动平衡试验，平衡精度为 G6.3。电机定子绕组内设有热保护开关。污泥回流泵运行期间，电源电压、频率与额定值的偏差及对电机性能和温升的影响符合GB755 的规定，电机的电气性能符合 JB/T8092、JB/Z346、GB5013.4 中的规定。污泥回流泵在导轨支架上自由升降，可与预埋回流管快速耦合，运行平稳、可靠。

E 其他类型泵

除了最常用的离心泵以外，还有水和型、回转型、容积式、动力式、污水型隔膜式等类型泵，其选择方式和性能详见泵手册。

7.1.2 风机

风机是我国对气体压缩和气体输送机械的习惯简称，通常所说的风机包括通风机、鼓风机和风力发电机。气体压缩和气体输送机械是把旋转的机械能转换为气体压力能和动能，并将气体输送出去的机械。

在烟气处理中，为了使烟气的流量达到要求值，就必须使用合适的风机增压，调试，才能满足烟气处理对气体流量、流速的要求。

7.1.2.1 主要分类

主要分类如下：

（1）按风压分类。分为低压风机、中压风机和高压风机。其压力范围如下：

低压：风机全压 $H \leqslant 1000Pa$；

中压：$1000Pa < H \leqslant 3000Pa$；

高压（离心风机）：$3000Pa < H \leqslant 15000Pa$。

通风工程中大多采用低压与中低压风机。

（2）按用途分类。大致分为离心压缩机、电站风机、一般离心通风机、一般轴流通风机、鼓风机、污水处理风机、高温风机、空调风机、消防风机、矿井风机、烟草风机、粮食风机、船用风机、排尘风机、屋顶风机和锅炉鼓引风机。

（3）按原理分。可分为离心式风机和轴流式通风机。

（4）按技术分。按照轴承技术分，可分为一般机械轴承式鼓风机、磁悬浮鼓风机和气悬浮轴承鼓风机。

7.1.2.2 常用风机

A 离心式风机

离心风机广泛用于工厂、矿井、隧道、冷却塔、车辆、船舶和建筑物的通风、排尘和冷却，锅炉和工业炉窑的通风和引风，空气调节设备和家用电器设备中的冷却和通风，谷物的烘干和选送，风洞风源和气垫船的充气和推进等。

离心式风机工作原理为：根据动能转换为势能原理，利用高速旋转的叶轮将气体加速，然后减速、改变流向，使动能转换成势能（压力）。在单级离心式风机中，气体从轴向进入叶轮，气体流经叶轮时改变成径向，然后进入扩压器。在扩压器中，气体流动方向改变，造成减速，这种减速作用将动能转换成压力能。压力增高主要发生在叶轮中，其次发生在扩压过程。在多级离心式风机中，用回流器使气流进入下一叶轮，产生更高压力。

性能特点：离心风机实质是一种变流量恒压装置。当转速一定时，离心风机的压力-流量理论曲线应是一条直线。由于内部损失，实际特性曲线是弯曲的。离心风机中所产生的压力受到进气温度或密度变化的较大影响。对一个给定的进气量，最高进气温度（空气密度最低）时产生的压力最低。对于一条给定的压力与流量特性曲线，就有一条功率与流量特性曲线。在给定的流量条件下，鼓风机以恒速运行，所需的功率随进气温度的降低而升高。

离心式风机按其产生风压高低可分为离心式鼓风机与离心式通风机。

a　离心式鼓风机

工作原理：当电机转动带动风机叶轮旋转时，叶轮中叶片之间的气体也跟着旋转，并在离心力的作用下甩出这些气体，气体流速增大，使气体在流动中把动能转换为静压能。之后随着流体的增压，静压能又转换为速度能，通过排气口排出气体。此时在叶轮中间形成了一定的负压，由于入口呈负压，使外界气体在大气压的作用下立即补入，在叶轮连续旋转作用下不断排出和补入气体，从而达到连续鼓风的目的。其结构图见图7-4。

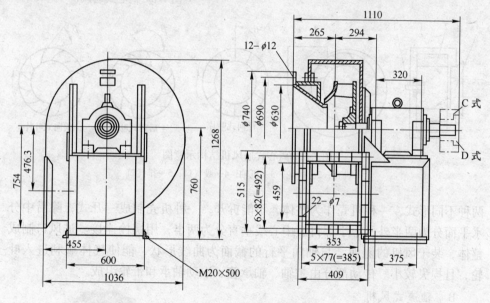

图 7-4　离心式鼓风机结构图

风压在 14700~34300Pa，主要用于输送空气、烧结烟气、煤气、二氧化硫和一些化工气体或混合气体。离心式鼓风机实物图见图7-5。

b　离心式通风机

离心式通风机由叶轮、机壳、进风口及传动部分等四部分组成。风压低于或等于17400Pa，气体基本没有受到压缩，主要用于隧道及矿井通风、锅炉送风、引风、空调通风等。实物图和结构图如图7-6和图7-7所示。

特点：离心通风机主要由叶轮、机壳、进风口等部分配直联电机而组成。

叶轮由 10 个后倾的圆弧薄板型叶片、曲线型前盘和平板后盘组成，均用钢板制造，并经动、静平衡校正。其空气性能良好，效率高，运转平稳。机壳做成

图 7-5　离心鼓风机

图 7-6　离心式通风机

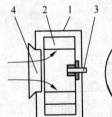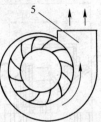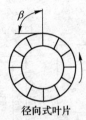

径向式叶片　　　　后向式叶片　　　　前向式叶片

图 7-7　离心式通风机结构示意图

1—机壳；2—叶轮；3—机轴；4—吸气口；5—排气口

两种不同形式，一种机壳作为整体，不能拆开；一种机壳制成三开式，除沿中分水平面分为两半外，上半部再沿中心线垂直分为两半，用螺栓连接。进风口制成整体，装于风机的侧面，与轴向平行的截面为曲线形状，能使气体顺利进入叶轮，且损失较小。传动部分由主轴、轴承箱、滚动轴承和带轮组成。

B　轴流式风机

轴流式风机，就是风的流向和轴平行的风机，如电风扇、空调外机风扇就是轴流方式运行风机。

a　结构

轴流式通风机（图 7-8）主要由轮毂、叶片、轴、外壳、集风器、流线体、整流器、扩散器以及进风口和叶轮组成。进风口由集风器和流线体组成，叶轮由轮毂和叶片组成。叶轮与轴固定在一起形成通风机的转子，转子支撑在轴承上。

b　工作原理

轴流式风机叶片的工作方式与飞机的机翼类似。

图 7-8　轴流风机

但是，后者是将升力向上作用于机翼上，并支撑飞机的质量，而轴流式风机则固定位置并使空气移动。气流由集流器进入轴流风机，经前导叶获得预旋后，在叶轮动叶中获得能量，再经后导叶，将一部分偏转的气流动能转变为静压能，最后气体流经扩散筒，将一部分轴向气流的动能转变为静压能后输入到管路中。

c 特点

电机和风叶都在一个圆筒里，外形就是一个筒形，用于局部通风，安装方便，通风换气效果明显，安全，可以接风筒把风送到指定的区域。

轴流式风机具有结构简单、稳固可靠、噪声小、功能选择范围广等优点。

7.1.3 管道

管道主要应用于液体、气体和固体颗粒等流体的输送。根据输送流体的量和性质不同，对管道的要求也不同，主要是管道的材质、壁厚、管径、管长等性能参数。

7.1.3.1 分类

管道有多种分类方法，可概括如下几种。

（1）按材质：

钢管：又分为高碳钢管、合金钢管、普通碳钢管、不锈钢管和镀锌管；

铜管：又分为紫铜管、合金铜管等；

塑料管：又分为聚氯乙烯管、聚丙烯管等；

还有复合管、衬胶管、橡胶管、铸铁管，水泥管等。

（2）按用途：水管、油管、蒸汽管、消防管等。

（3）按压力：高压管道、中低压管道、高压油管、负压管等。

（4）按介质：耐油管、食用油管、水管、蒸汽管、氧气管、氢气管等。

7.1.3.2 钢管

A 分类

钢管按生产方法可分为两大类：无缝钢管（图7-9）和焊接钢管，焊接钢管简称为直缝钢管。

无缝钢管按生产方法可分为：热轧无缝管、冷拔管、精密钢管、热扩管、冷旋压管和挤压管等。

无缝钢管用优质碳素钢或合金钢制成，有热轧、冷轧（拔）之分。

图7-9 普通无缝钢管

焊接钢管因其焊接工艺不同而分为炉焊管、电焊（电阻焊）管和自动电弧焊管，因其焊接形式的不同分为直缝焊管和螺旋焊管两种，因其端部形状又分为圆形焊管和异形（方、扁等）焊管。

焊接钢管是由卷成管形的钢板以对缝或螺旋缝焊接而成，在制造方法上，又分为低压流体输送用焊接钢管、螺旋缝电焊钢管、直接卷焊钢管、电焊管等。无缝钢管可用于各种行业的液体气压管道和气体管道等。焊接管道可用于输水管道、煤气管道、暖气管道、电器管道等。

B　规格

规格：螺旋钢管的规格要求应在进出口贸易合同中列明。一般应包括标准的牌号（种类代号）、钢筋的公称直径、公称重量（质量）、规定长度及上述指标的允差值等各项。我国标准推荐公称直径为 8mm、10mm、12mm、16mm、20mm、40mm 的螺旋钢管系列。供货长度分定尺和倍尺两种。我国出口螺纹钢定尺选择范围为 6~12m，日本产螺纹钢定尺选择范围为 3.5~10m。

外观质量：（1）表面质量。有关标准中对螺纹钢的表面质量作了规定，要求端头应切得平直，表面不得有裂缝、结疤和折叠，不得存在使用上有害的缺陷等；（2）外形尺寸偏差允许值。螺纹钢的弯曲度及钢筋几何形状的要求在有关标准中作了规定。如我国标准规定，直条钢筋的弯曲度不大于 6mm/m，总弯曲度不大于钢筋总长度的 0.6%。

7.1.3.3　铜管

铜管又称紫铜管（图 7-10），有色金属管的一种，是压制的和拉制的无缝管。铜管具备坚固、耐腐蚀的特性，成为现代承包商在所有住宅商品房的自来水管道、供热、制冷管道安装的首选。

A　分类

常用的铜管可以分为以下几种类型：

（1）铜冷凝管，结晶器铜管，空调铜管，各种挤制、拉制（反挤）紫铜管，铁白铜管，黄铜管，青铜管，白铜管，铍铜管，

图 7-10　普通铜管

钨铜管，磷青铜管，铝青铜管，锡青铜管，进口红铜管等。

（2）薄壁铜管、毛细铜管、五金铜管、异型铜管、小铜管、笔铜管等；

（3）根据用户需要，按图纸加工生产方形、矩形结晶器铜管，以及 D 型铜管、偏心铜管等。

B　特点

质量较轻，导热性好，低温强度高。常用于制造换热设备（如冷凝器等），也用于制氧设备中装配低温管路。直径小的铜管常用于输送有压力的液体（如润滑系统、油压系统等）和用作仪表的测压管等。

铜管融众多优点于一身，它坚强，具有一般金属的高强度，同时又比一般金属易弯曲、易扭转、不易裂缝、不易折断，并具有一定的抗冻胀和抗冲击能力，因此建筑中的供水系统中铜水管一经安装，使用起来安全可靠，甚至无须维护和保养。

7.1.3.4 塑料管

A 简介

在非金属管路中，应用最广泛的是塑料管。塑料管种类很多，分为热塑性塑料管和热固性塑料管两大类。属于热塑性的有聚氯乙烯管、聚乙烯管、聚丙烯管、聚甲醛管等；属于热固性的有酚塑料管等。塑料管的主要优点是耐蚀性能好，质量轻，成型方便，加工容易。缺点是强度较低，耐热性差。

B 硬聚氯乙烯管

硬聚氯乙烯（UPVC）管（图 7-11）以聚氯乙烯树脂为载体，在减弱树脂分子链间引力时具有感温准确、定时熔融、迅速吸收添加剂的有效成分等优良特性。同时，采用世界名优钙锌复合型热稳定剂，在树脂受到高温与熔融的过程中可捕捉、抑制、吸收中和氯化氢的脱出，与聚烯结构进行双键加成反应，置换分子中活泼和不稳定的氯原子。从而有效科学地控制树脂在熔融状态下的催化降解和氧化分解。具有耐腐蚀性和柔软性好、质量轻、运输方便等优点，但是其耐热性能差，刚度差。

图 7-11　UPVC 管

应用领域：自来水配管工程（包括室内供水和室外市政水管）、节水灌溉配管工程、建筑用配管工程、UPVC 塑料管具有优异的绝缘能力，广泛用作邮电通讯电缆导管、UPVC 塑料管耐酸碱、耐腐蚀，许多化工厂用作输液配管，其他还用于凿井工程、医药配管工程、矿物盐水输送配管工程、电气配管工程等。

C 聚丙烯塑料管

聚丙烯塑料管（PPR）具有安装方便快捷、经济适用环保、质量轻、卫生无毒、耐热性好、耐腐蚀、保温性能好、寿命长等优点。管径比公称直径大一号；管道的连接方式有焊接、热熔和螺纹连接等方式。PPR 管用热熔连接最为可靠，操作方便，气密性好，接口强度高。管道连接采用手持式熔接器进行热熔连接。

PPR 管件常应用于建筑安装工程中的采暖和给水。

7.1.3.5　混凝土管

混凝土管是用混凝土或钢筋混凝土制作的管子（图7-12）。由其定义可知，可根据是否含钢筋将混凝土管分为混凝土管和钢筋混凝土管。而钢筋混凝土管应用相对较多，主要介绍一下钢筋混凝土管。

图7-12　钢筋混凝土管

A　钢筋混凝土管简介

钢管混凝土结构是在钢管内浇注混凝土形成的一种新型组合结构，它兼有钢管结构和钢筋混凝土结构的优点，具有明显的结构优势。钢管混凝土结构适应现代工程结构向大跨、高耸、重载发展和承受恶劣条件的需要，符合现代施工技术的工业化要求。因此正日益广泛地应用于房柱、构架柱、多层和高层建筑中的柱子以及公路和城市拱桥等工程中。

B　钢筋混凝土管特点

构件承载力高，塑性和韧性好、抗震性能好，制作和施工方便，耐火性能好，经济效益显著，布局美观。

C　钢筋混凝土管应用领域

单层和多层厂房柱，设备构架柱、支架柱和栈桥柱，地下工程，送变电杆塔，高层和超高层建筑，桥梁工程。

7.1.4　压力容器

压力容器（Pressure Vessel），是指盛装气体或者液体，承载一定压力的密闭设备。贮运容器、反应容器、换热容器和分离容器均属压力容器。

7.1.4.1　容器分类

压力容器的分类方法很多，从使用、制造和监检的角度分类，有以下几种。

（1）按承受压力的等级分为：低压容器、中压容器、高压容器和超高压容器。

（2）按盛装介质分为：非易燃、无毒、易燃、有毒。

（3）按工艺过程中的作用不同分为：

1）反应容器：用于完成介质的物理、化学反应的容器；

2）换热容器：用于完成介质的热量交换的容器；

3）分离容器：用于完成介质的质量交换，气体净化，固、液、气分离的容器；

4）贮运容器：用于盛装液体或气体物料、贮运介质或对压力起平衡缓冲作用的容器。

（4）按压力等级划分为：

1）低压（代号 L），$0.1MPa \leqslant p < 1.6MPa$；

2）中压（代号 M），$1.6MPa \leqslant p < 10.0MPa$；

3）高压（代号 H），$10.0MPa \leqslant p < 100.0MPa$；

4）超高压（代号 U），$p \geqslant 100.0MPa$。

7.1.4.2 操作条件

A 压力

压力容器的压力可以来自两个方面，一是压力是容器外产生（增大）的，二是压力是容器内产生（增大）的。

最高工作压力，多指在正常操作情况下，容器顶部可能出现的最高压力。

设计压力，系是指在相应设计温度下用以确定容器壳体厚度的压力，亦即标注在铭牌上的容器设计压力，压力容器的设计压力值不得低于最高工作压力；当容器各部位或受压元件所承受的液柱静压力达到设计压力的 5% 时，则应取设计压力和液柱静压力之和进行该部位或元件的设计计算；装有安全阀的压力容器，其设计压力不得低于安全阀的开启压力或爆破压力。容器的设计压力确定应按 GB150—2011 的相应规定。

B 温度

金属温度，系指容器受压元件沿截面厚度的平均温度。任何情况下，元件金属的表面温度不得超过钢材的允许使用温度。

设计温度，系指容器在正常操作情况下，在相应设计压力下，壳壁或元件金属可能达到的最高或最低温度。当壳壁或元件金属的温度低于-20℃，按最低温度确定设计温度；除此之外，设计温度一律按最高温度选取。设计温度值不得低于元件金属可能达到的最高金属温度。对于 0℃ 以下的金属温度，则设计温度不得高于元件金属可能达到的最低金属温度。容器设计温度（即标注在容器铭牌上的设计介质温度）是指壳体的设计温度。

C 介质

生产过程所涉及的介质品种繁多，分类方法也有多种。按物质状态分类，有气体、液体、液化气体、单质和混合物等；按化学特性分类，则有可燃、易燃、惰性和助燃四种；按它们对人类毒害程度，又可分为极度危害（Ⅰ）、高度危害（Ⅱ）、中度危害（Ⅲ）和轻度危害（Ⅳ）四级。

（1）易燃介质。易燃介质是指与空气混合的爆炸下限小于 10%，或爆炸上限和下限之差值大于等于 20% 的气体，如一甲胺、乙烷、乙烯等。

（2）毒性介质。《压力容器安全技术监察规程》（以下简称《容规》）对介质毒性程度的划分参照《职业性接触毒物危害程度分级》（GB5044—85）分为四级。其最高容许浓度分别为：1）极度危害（Ⅰ级）最高容许浓度<0.1mg/m³；2）高度危害（Ⅱ级），0.1mg/m³<最高容许浓度<1.0mg/m³；3）中度危害（Ⅲ级），1.0mg/m³<最高容许浓度<10mg/m³；4）轻度危害（Ⅳ级），最高容许浓度>10mg/m³。

　　压力容器中的介质为混合物质时，应以介质的组成并按毒性程度或易燃介质的划分原则，由设计单位的工艺设计部门或使用单位的生产技术部门决定介质毒性程度或是否属于易燃介质。

　　（3）腐蚀性介质。石油化工介质对压力容器用材具有耐腐蚀性要求。有时是因介质中有杂质，使腐蚀性加剧。腐蚀介质的种类和性质各不相同，加上工艺条件不同，介质的腐蚀性也不相同。这就要求压力容器在选用材料时，除了应满足使用条件下的力学性能要求外，还要具备足够的耐腐蚀性，必要时还要采取一定的防腐措施。

　　7.1.4.3　反应容器

　　反应容器用于实现液相单相反应过程和液液、气液、液固、气液固等多相反应过程。器内常设有搅拌（机械搅拌、气流搅拌等）装置（图7-13）。在高径比较大时，可用多层搅拌桨叶。在反应过程中物料需加热或冷却时，可在反应器壁处设置夹套，或在器内设置换热面，也可通过外循环进行换热。

　　7.1.4.4　分离容器

　　分离器是把混合的物质分离成两种或两种以上不同物质的机器（图7-14）。如化工生产中使用的各类过滤器、集油器、缓冲器、贮能器、洗涤器、吸收塔、铜洗塔、干燥塔、蒸馏塔等，均属于介质组分分离或气液两相分离的容器。

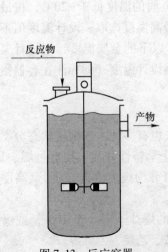

图7-13　反应容器

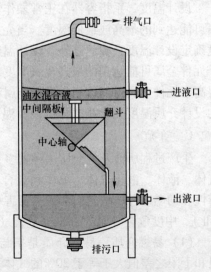

图7-14　两相分离器

7.2 仪 表

流体的净化过程时，压力和流量对运行过程中净化的效果影响非常大，于是环保工程中常用的仪表有压力表和流量计、液位计、pH 计等。

7.2.1 压力表

7.2.1.1 简介

工程项目中常用测量流体压力的仪表是压力表。压力表是指以弹性元件为敏感元件，测量并指示高于环境压力的仪表。

7.2.1.2 工作原理

压力表通过表内敏感元件（波登管、膜盒、波纹管）的弹性形变，再由表内机芯的转换机构将压力形变传导至指针，引起指针转动来显示压力。

7.2.1.3 分类

（1）压力表按其测量精确度，可分为精密压力表、一般压力表。精密压力表的测量精确度等级分别为 0.1 级、0.16 级、0.25 级、0.4 级、0.5 级；一般压力表的测量精确度等级分别为 1.0 级、1.6 级、2.5 级、4.0 级。

（2）压力表按其指示压力的基准不同，分为一般压力表、绝对压力表、不锈钢压力表、差压表。一般压力表以大气压力为基准，绝压表以绝对压力零位为基准，差压表测量两个被测压力之差。

（3）压力表按其测量范围，分为真空表、压力真空表、微压表、低压表、中压表及高压表。真空表用于测量小于大气压力的压力值，压力真空表用于测量小于和大于大气压力的压力值，微压表用于测量小于 60000Pa 的压力值，低压表用于测量 0~6MPa 压力值，中压表用于测量 10~60MPa 压力值，高压表用于测量 100MPa 以上压力值。

（4）压力表按其显示方式，分为指针压力表和数字压力表。

（5）压力表按其使用功能不同，可分为就地指示型压力表和带电信号控制型压力表。

（6）按照压力表的用途，可分为普通压力表、氨压力表、氧气压力表、电接点压力表、远传压力表、耐振压力表、带检验指针压力表、双针双管或双针单管压力表、数显压力表、数字精密压力表等。

7.2.1.4 常见压力表

工程中常用的压力表主要有：波登管压力表（图 7-15）、膜盒压力表、防爆压力表、真空压力表（图 7-16）、防爆电接点压力表、防爆数字（指针）显示压力表（图 7-17）等，它们的技术参数详见各生产厂家的规格说明。

图 7-15   波登压力表

图 7-16   真空压力表

图 7-17   防爆数字压力表

A   波登管压力表

波登管压力表的敏感元件是波登管。压力表通过表内波登管的弹性形变，由表内机芯的转换机构将压力形变传导至指针，引起指针转动，由此而显示压力。

可测量具有高动态压力负载或振动的测量点。适用于非高黏度、不易结晶且不会侵蚀铜合金部件的气体和液体介质，还能应用于液压装置和压缩机内。

功能特性：量程高达 0~40MPa，抗振动和冲击，可靠且性价比高，设计符合 EN837-1 标准。

B   真空压力表

真空压力表是以大气压力为基准，用于测量小于大气压力的仪表。主要用于测量对钢、铜及铜合金无腐蚀作用，无爆炸危险的不结晶、不凝固的液体、气体或蒸汽介质的压力或负压。

特点：性能稳定，测量精度较高，反应速度较快；属绝对真空计，精度 0.5 级以上的可作为标准真空压力表使用。其测量的是总压力，包括气体和蒸汽的压力。测量的结果与气体种类、成分及其性质无关。测量过程中，真空计本身吸气和放气很小，不会对被测气氛产生影响。真空计内部没有高温部件，不会使油蒸汽分解。若选用耐腐蚀材料制造，可测量腐蚀性气体压力。结构牢固而且便于密封和安装；操作简便，不需要调整，但需要定期校验。

C   防爆数字压力表

防爆数字压力表广泛应用于石油、化工、冶金、电站等工业部门或机电设备配套中测量有爆炸危险的各种流体介质的压力。

防爆数字压力具有高精度、高稳定性，误差不大于 1%，内电源、微功耗、不锈钢外壳，防护坚固，美观精致等特点。

7.2.2   流量计

现代工业中，常用的流量测量方法分类如下：

（1）按适用介质分类：气体流量计、液体流量计、固体流量计、多相流流量计。

（2）按照原理分类：利用伯努利方程原理来测量流量的流量计是以输出流体压差信号来反映流量的，利用测量流速来得到流量的测量方法称为速度式流量测量方法，利用一个个标准小容积连续地测量流量的测量方法称为容积式流量测量方法，以测量流体质量为目的的流量测量方法称为质量流量测量方法。

7.2.2.1 差压流量计

差压流量计是根据安装于管道中流量监测件产生的差压，已知的流体条件和检测件与管道的几何尺寸以测量流量的仪表（图7-18）。

A 工作原理

充满管道的流体流经管道内的节流装置，流束在节流件处形成局部收缩，从而使流速增加、静压力降低，于是在节流件后产生了静压力差。流体流速越大，在节流件前后产生的差压也越大。

B 特点

差压信号稳定，测量精度高，具有防

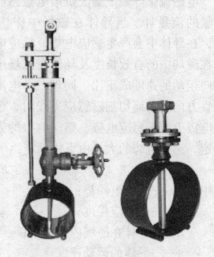

图7-18 差压流量计

堵设计，压损极小，能耗低，免维护。结构独特，具有一体化双腔结构，强度高，适应高温高压场合。应用范围广泛，适应各种尺寸的圆管和方管。可带温度、压力测量，进行密度补偿。开孔小、安装方便，直管段要求低，可在线带压安装和检修。

C 应用领域

工业生产过程：它被广泛适用于冶金、电力、煤炭、化工、石油、交通、建筑、轻纺、食品、医药、农业、环境保护及人民日常生活等国民经济各个领域，是发展工农业生产，节约能源，改进产品质量，提高经济效益和管理水平的重要工具，在国民经济中占有重要的地位。

环境保护工程：烟气排放控制是根治污染的重要项目，每个烟囱必须安装烟气分析仪表和流量计，组成连续排放监视系统。烟气的流量测量有很大困难，它的难度在于烟囱尺寸大且形状不规则，气体组分变化不定，流速范围大，脏污，灰尘，腐蚀，高温，无直管段等。

交通运输：有铁路公路、航空、水运和管道运输五种方式。其中管道运输虽早已有之，但应用并不普遍。

7.2.2.2　电磁流量计

电磁流量计是根据法拉第电磁感应定律制造的用来测量管内导电介质体积流量的感应式仪表（图7-19）。

A　工作原理

电磁流量计是根据法拉第电磁感应定律进行流量测量的流量计。当导体在磁场中作切割磁力线运动时，在导体中会产生感应电势，感应电势的大小与导体在磁场中的有效长度及导体在磁场中作垂直于磁场方向运动的速度成正比。同理，导电流体在磁场中作垂直方向流动而切割磁感应力线时，也会在管道两边的电极上产生感应电势。感应电势的方向由右手定则判定，感应电势的大小由下式确定：

图 7-19　电磁流量计

$$E = BLu \tag{7-1}$$

式中　E——感应电动势；

　　　B——磁感应强度；

　　　L——导体在磁场内的强度；

　　　u——导体的运动速度。

圆形截面测量管道的体积流量 q_v 为：

$$q_v = \frac{\pi D^2}{4} u \tag{7-2}$$

可得体积流量的表达式为：

$$q_v = \frac{\pi D}{4k} \left(\frac{E}{B} \right) \tag{7-3}$$

由式（7-3）可以看出，体积流量 q_v 与感应电动势 E 和测量管内径 D 成线性关系，与磁场的磁感应强度 B 成反比，与其他物理参数无关。

B　特点

电磁流量计的特点：压力损失小；可测量脏污介质、腐蚀性介质及悬浊性液固两相流的流量；电磁流量计所测得的体积流量，不受流体密度、黏度、温度、压力和电导率变化的影响；量程范围宽；口径范围宽；电磁流量计无机械惯性，反应灵敏，可以测量瞬时脉动流量，也可测量正、反两个方向的流量。

目前已广泛地应用于工业上各种导电液体的测量。主要用于化工、造纸、食品、纺织、冶金、环保、给排水等行业，与计算机配套可实现系统控制。

7.2.2.3　浮子流量计

浮子流量计是以浮子在垂直锥形管中随着流量变化而升降，改变它们之间的

流通面积来进行测量的体积流量仪表，又称转子流量计
（图 7-20）。

A 工作原理

浮子流量计的流量检测元件是由一根自下向上扩大的
垂直锥形管和一个沿着锥管轴上下移动的浮子组所组成。

被测流体从下向上经过锥管和浮子形成环隙时，浮子
上下端产生差压形成浮子上升的力，当浮子所受上升力大
于浸在流体中浮子所受重力时，浮子上升，环隙面积随之
增大，环隙处流体流速立即下降。浮子上下端差压降低，
作用于浮子的上升力亦随着减少，直到上升力等于浸在流
体中浮子重力时，浮子便稳定在某一高度。浮子在锥管中
的高度和通过的流量有对应关系。

图 7-20 浮子流量计

B 特点

浮子流量计的特点：

（1）浮子流量计适用于小管径和低流速。常用仪表口径 40～50mm，最小口
径为 1.5～4mm。

（2）浮子流量计可用于较低雷诺数。选用黏度不敏感形状的浮子，流通环
隙处雷诺数只要大于 40 或 500，雷诺数变化流量系数即保持常数，亦即流体黏度
变化不影响流量系数。这数值远低于标准孔板等节流差压式仪表最低雷诺数
104～105 的要求。

（3）大部分浮子流量计没有对上游直管段的要求，或者说对上游直管段要
求不高。

（4）浮子流量计有较宽的流量范围度，一般为 10：1，最低为 5：1，最高为
25：1。流量检测元件的输出接近于线性，压力损失较低。

（5）大部分结构浮子流量计只能用于自下向上垂直流的管道安装。

（6）浮子流量计应用局限于中小管径，普通全流型浮子流量计不能用于大
管径，玻璃管浮子流量计最大口径为 100mm，金属管浮子流量计为 150mm，更
大管径只能用分流型仪表。

（7）使用流体和出厂标定流体不同时，要作流量示值修正。液体用浮子流
量计通常以水标定，气体用空气标定，如实际使用流体密度、黏度与之不同，流
量要偏离原分度值，要作换算修正。

C 应用情况

浮子流量计作为直观流动指示或测量精确度要求不高的现场指示仪表，占浮
子流量计应用的 90% 以上，被广泛地用在电力、石化、化工、冶金、医药等流程
工业和污水处理等公用事业。有些应用场所只要监测流量不超过或不低于某值即

可。例如电缆惰性保护气流量增加说明产生了新的泄漏点。循环冷却和培养槽等水或空气减流断流报警等场所可选用有上限或下限流量报警的玻璃管浮子流量计。

环境保护大气采样和流程工业在线监测的分析仪器连续取样，采样的流量监控也是浮子流量计的大宗服务对象。

在流程工业液位、密度等其他参量的测量中，定流量测量和控制的辅助仪表，应用得非常普遍，亦占有相当份额。

带信号输出的远传金属浮子流量计在流程工业常用作流量控制检测仪表或管线混合配比，如给水处理过程控制原水加药液的配比量。

7.2.3　液位计

在容器中液体介质的高低叫做液位，测量液位的仪表叫液位计。

常用的液位计有磁浮子液位计、超声波液位计、内浮式液位计、磁翻板液位计、投入式液位计等。

7.2.3.1　磁浮子液位计

磁浮子液位计以磁性浮子为感应元件，并通过磁性浮子与显示色条中磁性体的耦合作用，反映被测液位或界面的测量仪表，如图 7-21 所示。

A　工作原理

磁浮子式液位计与被测容器形成连通器，保证被测量容器与测量管体间的液位相等。当液位计测量管中的浮子随被测液位变化时，浮子中的磁性体与显示条上显示色标中的磁性体作用，使其翻转，红色表示有液，白色表示无液，以达到就地准确显示液位的目的。

用户还可根据工程需要，配合磁控液位计使用，可就地数字显示，或输出 4~20mA 的标准远传电信号，以配合记录仪表，或工业过程控制的需要。也可以配合磁

图 7-21　磁浮子液位计

性控制开关或接近开关使用，对液位监控报警或对进液出液设备进行控制。

B　特点

磁浮子液位计的特点：

（1）高灵敏度（避免面板花脸现象），宽视窗（便于观看）。

（2）各种液体以及高温、高压、腐蚀性和易燃易爆介质液位的连续测量。

（3）现场指示，信号远传（4~20mA 或 HART），一机多能。

（4）显示器以红色指示液位，直观、醒目。测量范围大、全过程测量无盲区。显示器与被测介质完全隔离，安全、可靠。

7.2.3.2 超声波液位计

A 工作原理

超声波液位计是由微处理器控制的数字液位仪表，如图 7-22 所示。在测量中超声波脉冲由传感器（换能器）发出，声波经液体表面反射后被同一传感器接收或超声波接收器接收，通过压电晶体或磁致伸缩器件转换成电信号，并由声波的发射和接收之间的时间来计算传感器到被测液体表面的距离。由于采用非接触的测量，被测介质几乎不受限制，可广泛用于各种液体和固体物料高度的测量。

B 特点

具有抗干扰性强。可任意设置上下限节点及在线输出调节，并带有现场显示。可选择模拟量、开关量及 RS485 输出，方便与相关设施接口。采用聚丙烯防水外壳，壳体小巧且相当坚固，具有优良的耐化学品性，对于无机化合物，除强氧化性物料外，不论酸、碱、盐溶液，几乎都对其无破坏作用，在室温下几乎对所有溶剂均不溶解，一般烷、烃、醇、酚、醛、酮类等介质上均可使用。质量轻，不结垢，不污染介质，无毒性。可用于药品、食品工业设备安装，维修极为方便。

7.2.3.3 内浮式液位计

内浮式双腔液位计（黏稠介质液位计），是采用加拿大 JKS 公司的技术，是一种针对高黏稠介质而研发的专用液位测量仪表。该产品是在磁浮子液位计的基础上进行的技术升级，完全克服磁浮子液位计对黏稠介质长期以来测量不准确、腔体内部的液体与浮子黏附、维护困难等诸多弊病，如图 7-23 所示。

图 7-22 超声波液位计

图 7-23 内浮式双腔液位计

内浮式磁性液位计是一种双腔液位计，被测介质与磁性面板端的腔体隔离，容器端腔体内部与浮子经过特殊处理后，确保了浮子跟随液位的变化线性地传递给磁性面板，并清晰准确地指示出液位的高度。它能现场显示，兼顾报警控制和输出远传信号，是一机多能的液位测量仪表，是测量黏稠介质最佳的液位测量仪表。

7.2.3.4　磁翻板液位计

磁翻板液位计（图7-24）根据具体不同的工作环境，生产出了适应各种环境以及各种材料的液位计，其中包括：液压机液位计、UHZ-F 防腐型磁性翻板液位计、保温夹套翻板液位计、高温高压磁翻柱液位计、UHZ 顶装式磁性浮子液位计、HG5-1 玻璃板液位计、HG5-2 防霜液位计、HG5 玻璃管式液位计、UNS（UGS）彩色石英管液位计、UHZ-59 系列磁翻柱（板）液位计等多类型产品。

A　工作原理

磁翻板液位计（也可称为磁性浮子液位计）根据浮力原理和磁性耦合作用研制而成。当被测容器

图 7-24　磁翻板液位计

中的液位升降时，液位计本体管中的磁性浮子也随之升降，浮子内的永久磁钢通过磁耦合传递到磁翻柱指示器，驱动红、白翻柱翻转180°，当液位上升时翻柱由白色转变为红色，当液位下降时翻柱由红色转变为白色，指示器的红白交界处为容器内部液位的实际高度，从而实现液位清晰的指示。

B　结构和用途

磁翻板液位计由本体、翻板箱（由红、白双色磁性小翻板组成）、浮子、法兰盖等组成，用于各类液体容器的液位测量。磁翻板液位计能用于高温、防爆、防腐、食品饮料等场合，作液位的就地显示或远传显示与控制。UHZ 系列磁翻板液位计可以做到高密封、防泄漏和在高温、高压、高黏度、强腐蚀性条件下安全可靠地测量液位。全过程测量无盲区，显示醒目，读数直观，并且测量范围大，配有上液位报警、控制开关，可实现液位或界位的上下限报警和控制，配上液位变送器可将液位、界位信号转换成二线制 4～20mADC 的标准信号，实现远距离检测、指示、记录与控制。UHZ 系列磁翻板液位计广泛用于电力、石油、化工、冶金、环保、船舶、建筑、食品等行业生产过程中的液位测量与控制。

7.2.4　在线 pH 计

处理液体的 pH 值环境对处理的效果有很大的影响，因此在废水处理运行过程中必须时刻保证适宜的 pH 值环境，在线 pH 计是必不可少的仪表。

7.2.4.1 简介

在线 pH 计在保证性能的基础上简化了功能，从而具有了特别强的价格优势。清晰的显示、简易的操作和优良的测试性能使其具有很高的性价比。可广泛应用于火电、化工化肥、冶金、环保、制药、生化、食品和自来水等溶液中 pH 值的连续监测，如图 7-25 所示。

图 7-25　在线 pH 计

7.2.4.2 特点

微机化：采用高性能 CPU 芯片、高精度 AD 转换技术和 SMT 贴片技术，可完成多参数测量、温度补偿、量程自动转换、仪表自检，精度高，重复性好。

高可靠性：没有复杂的功能开关调节旋钮。

抗干扰能力强：电流输出和报警继电器采用光电耦合隔离技术，抗干扰能力强，实现远传。

自动报警功能：报警信号隔离输出，报警上、下限可任意设定，报警滞后撤销。

工业控制式看门狗：确保仪表不会死机。

网络功能：隔离的电流输出和 RS485 通讯接口，电流对应 pH 值的输出上下限可任意设定。

标液 pH 值自动折算：预存了标液的温度曲线，标定时自动折算出标液在设定温度下的 pH 值。

自动判别错误标定：若用户在标定时错误使用标准缓冲液，仪器将自动提示。

思 考 题

7-1　泵的分类有哪些？工作原理是什么？各自具有什么特点？

7-2　风机的分类有哪些？并简述离心风机的工作原理。

7-3　简述管道分类。

7-4　常见的仪表有哪些？各自的适用范围是什么？

参 考 文 献

［1］封苏伟，尹连文．仪表设备施工技术手册［M］．北京：中国建筑工业出版社，2010．

［2］刘伟军，匡江红，傅允准．流体输配官网［M］．北京：化学工业出版社，2009．

［3］骆家祥，刘汉奇，康劲松．管道工程安装手册［M］．太原：山西科学技术出版社，2005．

［4］刘庆山，刘屹立，刘翌杰．管道安装工程［M］．北京：中国建筑工业出版社，2006.

［5］沙毅，闻建龙．泵与风机［M］．合肥：中国科学技术大学出版社，2005.

［6］王朝晖．泵与风机［M］．北京：中国石化出版社，2007.

［7］何道清，谌海云，张禾．仪表与自动化［M］．北京：化学工业出版社，2011.

［8］徐英华，杨有涛．流量及分析仪表［M］．北京：中国计量出版社，2008.

［9］梁国伟，蔡武昌．流量测量技术及仪表［M］．北京：机械工业出版社，2010.

［10］杨诗成，王喜魁．泵与风机［M］.5版．北京：中国电力出版社，2016.

本科实习日记与报告

实习单位＿＿＿＿＿＿＿＿＿＿＿＿

实习性质＿＿＿＿＿＿＿＿＿＿＿＿

实习时间＿＿＿＿＿＿＿＿＿＿＿＿

学　　院＿＿＿＿＿＿＿＿＿＿＿＿

专业班级＿＿＿＿＿＿＿＿＿＿＿＿

姓　　名＿＿＿＿＿＿＿＿＿＿＿＿

学　　号＿＿＿＿＿＿＿＿＿＿＿＿

指导教师＿＿＿＿＿＿＿＿＿＿＿＿

20　年　　月

教务处制

实 习 安 排

序 号	时 间	实习任务（内容）	实习地点	指导教师

实 习 日 记

时间： 月 日	地点：	主讲人：	带队教师：

主要内容

实 习 日 记

时间： 月 日	地点：	主讲人：	带队教师：

实 习 报 告

注：该部分建议按照实习模块整理

实习收获与感言

实习报告人签字：

年　月　日

实习单位意见或建议

实习单位盖章：　　　　　　　　　　　　实习指导人签字：

　　　　　　　　　　　　　　　　　　　　　年　月　日